高等院校机械类创新型应用人才培养规划教材

机械制图习题集

（第2版）

主　编　孙晓娟　王慧敏

副主编　宋洪梅　鲍春平

参　编　刘志香　马武学

内 容 简 介

本习题集与孙晓娟、王慧敏主编的《机械制图》(第 2 版)配套使用，适用于机械类及近机类各专业。为了便于使用，本习题集内容的编排顺序与配套教材体系完全一致，包括制图基本知识和技能、正投影法原理和投影图、机械制图 3 部分。

本习题集是在编者总结近年来机械制图课程教学改革经验的基础上编写的。由于机械类、近机类各专业要求不同，学时也不尽相同，本习题集在保证满足机械类专业教学基本要求的前提下，习题的数量有一定余量，可供使用本习题集的师生根据教学实际情况选用。

图书在版编目(CIP)数据

机械制图习题集/孙晓娟，王慧敏主编. —2 版. —北京：北京大学出版社，2011.8

高等院校机械类创新型应用人才培养规划教材

ISBN 978-7-301-19370-9

Ⅰ. ①机… Ⅱ. ①孙…②王… Ⅲ. ①机械制图—高等学校—习题集 Ⅳ. ①TH126-44

中国版本图书馆 CIP 数据核字(2011)第 164004 号

书　　名： 机械制图习题集(第 2 版)
著作责任者： 孙晓娟　王慧敏　主编
策 划 编 辑： 童君鑫
责 任 编 辑： 周　瑞
标 准 书 号： ISBN 978-7-301-19370-9/TH·0256
出　版　者： 北京大学出版社
地　　址： 北京市海淀区成府路 205 号　100871
网　　址： http://www.pup.cn　http://www.pup6.cn
电　　话： 邮购部 62752015　发行部 62750672　编辑部 62750667　出版部 62754962
电 子 邮 箱： 编辑部：pup6@pup.cn　总编室：zpup@pup.cn

印　刷　者： 天津和萱印刷有限公司
发　行　者： 北京大学出版社
经　销　者： 新华书店
787 毫米×1092 毫米　16 开本　10 印张　117 千字
2007 年 8 月第 1 版　2011 年 8 月第 2 版　　2023 年 8 月第 3 次印刷
定　　价： 30.00 元

前　言

本习题集与孙晓娟、王慧敏主编的《机械制图》(第2版)配套使用，适用于机械类及近机类各专业使用。

本习题集在体现应用型本科特色教育的前提下，贯彻“少而精”的原则，具体特点如下。

(1) 为便于教学，习题集内容的编排顺序与配套的教材体系保持一致。习题着重以应用为目的，以必须、够用为度，以培养技能为重点，既力求精炼，又留有选做余地，适当减少投影理论的习题，增加组合体、机件表达方法和看、画零件图部分的习题。一般情况下，每讲授2个学时后，都会安排适当题量的习题和作业，由易到难、由浅入深，前后衔接。

(2) 部分章节的习题采用选择、填空、改错等题型，改变单一的绘图作业模式，使学生在有限的时间内，完成更多的习题，获得更多的信息量，对提高思维判断能力起到事半功倍的效果。

(3) 适当减少尺规绘图的作业量，强化徒手绘图，特别是轴测草图的训练，将部分尺规绘图的练习改为徒手绘图，既有利于加强徒手绘图能力的培养，又有利于提高学习效率。

(4) 本习题集全部按照最新的《技术制图》、《机械制图》国家标准进行编写。

本习题集由孙晓娟、王慧敏担任主编，宋洪梅、鲍春平担任副主编。

参加本习题集编写的有：孙晓娟（第3、9章）、王慧敏（第6、8章）、宋洪梅（第7章）、鲍春平（第4、10章）、刘志香（第5章）、马武学（第1、2章）。

由于编者水平有限，习题集中难免不足，敬请使用本习题集的师生和广大读者批评指正。

编　者

2011年6月

目　　录

1.1 字体练习

班级 姓名 学号

1.1 字体练习(按照下列字体书写长仿宋体)。

机 械 长 对 制 图 主 轴 比 班 级 大 学

例 材 高 平 料 齿 轮 销 键 圆 角 螺 栓

铸 造 宽 相 审 核 图 号 待 续 数 量 技

圆 整 余 全 部 总 共 排 列 整 齐 间 隔

批 准 年 月 日 工 更 签 样 名 件 号 栏

1 2 3 4 5 6 7 8 9 0 1 2 3 4 5 6 7 8 9 0 Ø26 R49

A B C D E F G H I J K L M N O P Q R S T U V W X Y Z

a b c d e f g h i j k l m n o p q r s t u v w x y z

1.2　图线练习	班级	姓名	学号

1.2　在指定位置按要求书写线形。

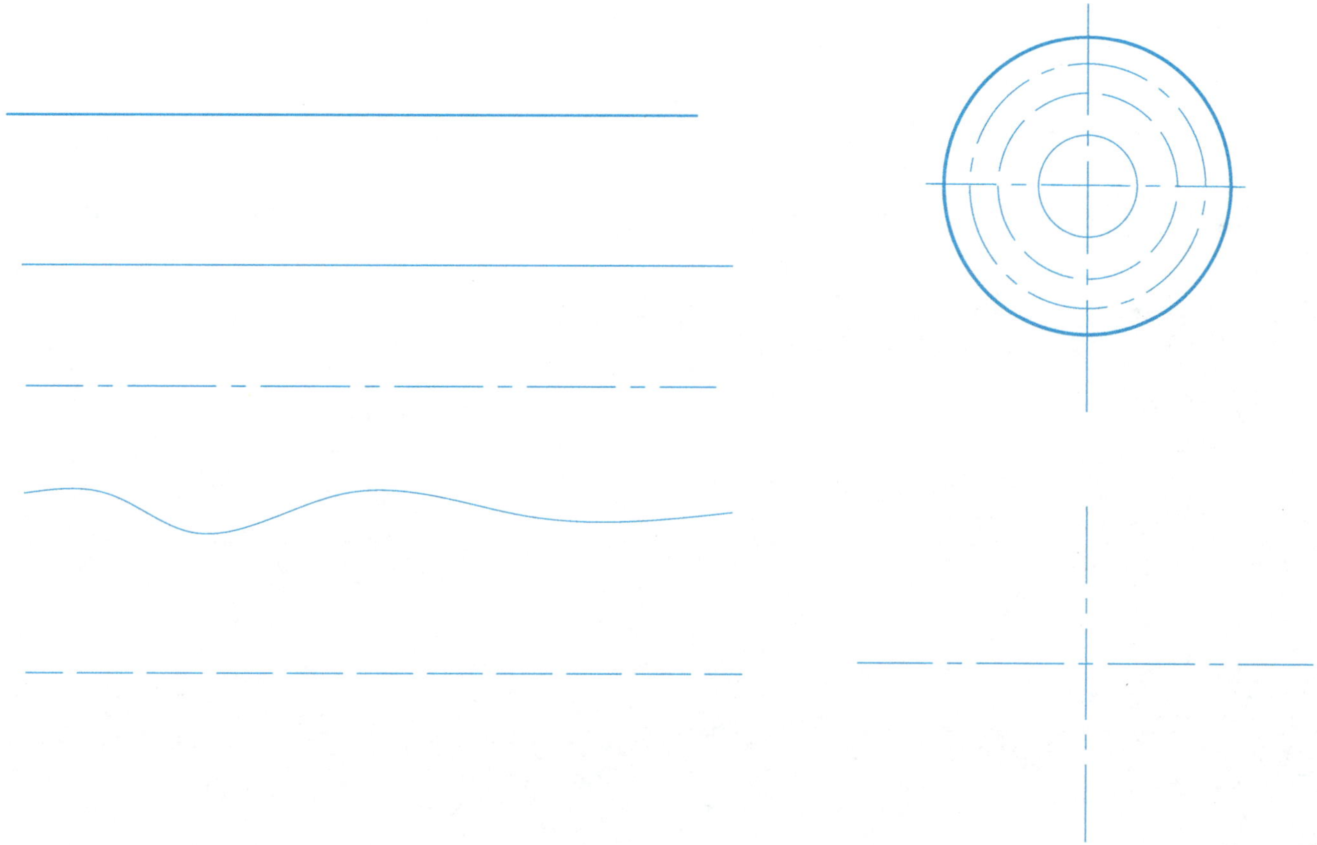

1.3　尺寸注法	班级　　　　姓名　　　　学号

1.3.1　尺寸终端的画法和尺寸数字注法(尺寸数值按 1∶1 从图上量取圆整后标注)。

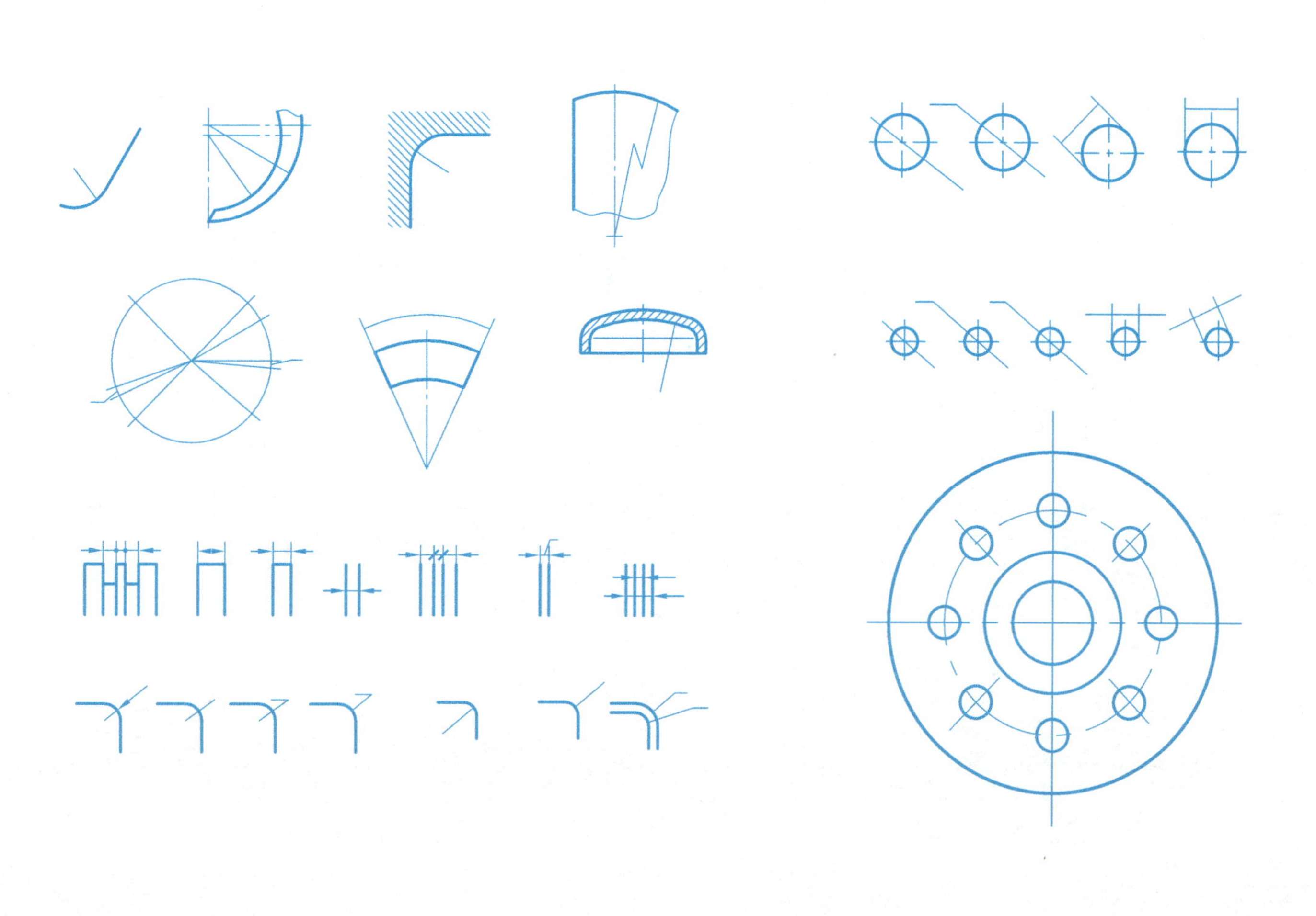

1.3　尺寸注法	班级	姓名	学号

1.3.2　尺寸标注改错，把正确的尺寸标在右图。

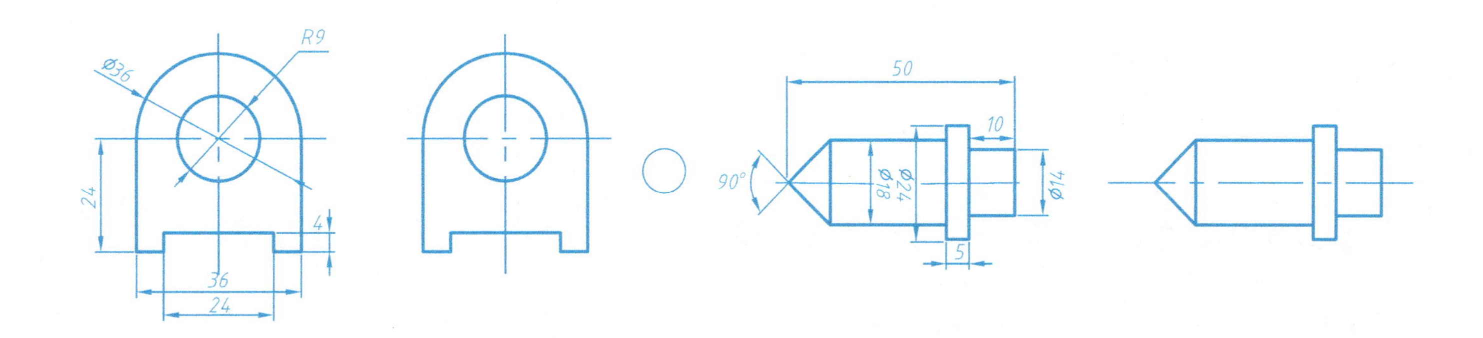

1.3.3　根据已知图形给出的尺寸按比例换算，画出剩余部分的图形，不标注尺寸。

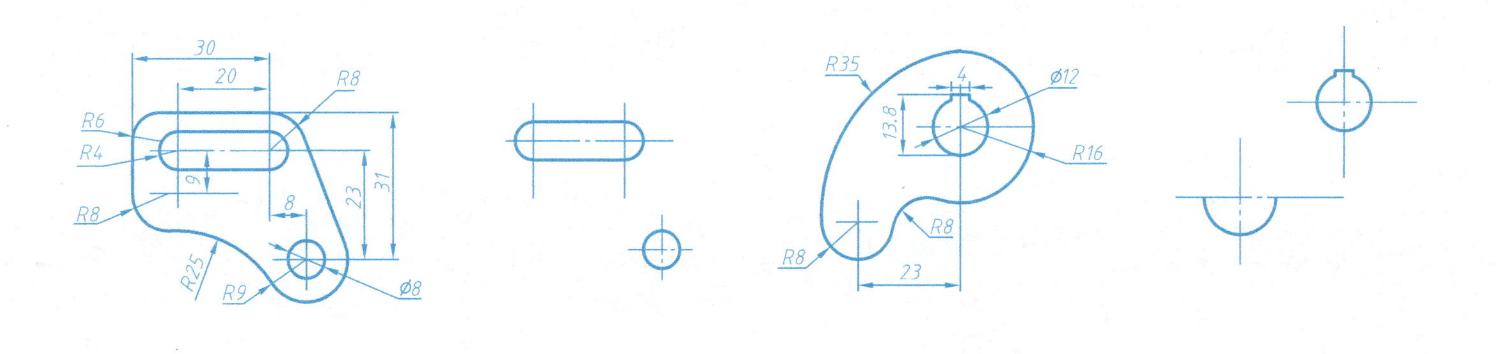

1.4　制图作业(一)

班级　　　　姓名　　　　学号

作业指导

一、图名、图幅、比例

1. 图名：几何作图
2. 图幅：A3 图纸
3. 比例：1∶1

二、目的、内容与要求

1. 目的：学会并掌握绘图仪器和工具的使用方法及绘图步骤，掌握圆弧连接和平面图形的画法，掌握国家标准的有关内容，初步体验工程绘图实践的基本训练，培养工程制图素养。
2. 内容

(1) 依据右图标注的尺寸抄画图形，并标注尺寸。

(2) 要求：作图准确、布图规范、线形标准、连接光滑、图面整洁。

三、作图步骤

1. 将图纸用胶带固定在图板上。
2. 布置图纸。
3. 用细线完成图稿。
4. 仔细检查并加深。(粗实线宽度 0.5～0.7mm，虚线及细实线等细线宽度为粗实线的 1/2)
5. 标注尺寸数字。
6. 填写标题栏。注意字体和字高都要符合标准。

四、注意事项

1. 做好画图前的准备工作。
2. 保持图纸整洁、绘图工具和仪器均应擦干净。
3. 全图用铅笔完成。

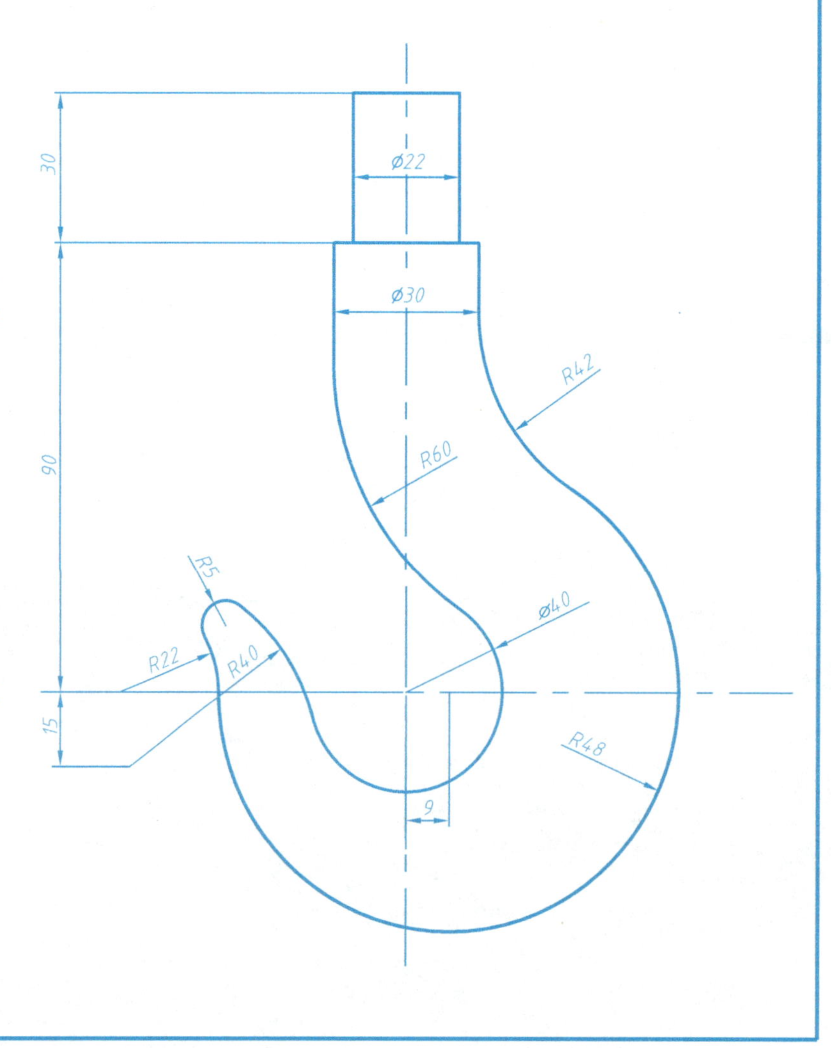

1.5　制图作业(二)	班级	姓名	学号

作业指导

一、图名、图幅、比例

1. 图名：几何作图
2. 图幅：A3图纸
3. 比例：1∶1

二、目的、内容与要求

1. 目的：学会并掌握绘图仪器和工具的使用方法及绘图步骤，掌握圆弧连接和平面图形的画法，掌握国家标准的有关内容，初步体验工程绘图实践的基本训练，培养工程制图素养。
2. 内容

(1) 依据右图标注的尺寸抄画图形，并标注尺寸。

(2) 要求：作图准确、布图规范、线形标准、连接光滑、图面整洁。

三、作图步骤

1. 将图纸用胶带固定在图板上。
2. 布置图纸。
3. 用细线完成图稿。
4. 仔细检查并加深。(粗实线宽度0.5～0.7mm，虚线及细实线等细线宽度为粗实线的1/2)
5. 标注尺寸数字。
6. 填写标题栏。注意字体和字高都要符合标准。

四、注意事项

1. 做好画图前的准备工作。
2. 保持图纸整洁、绘图工具和仪器均应擦干净。
3. 全图用铅笔完成。

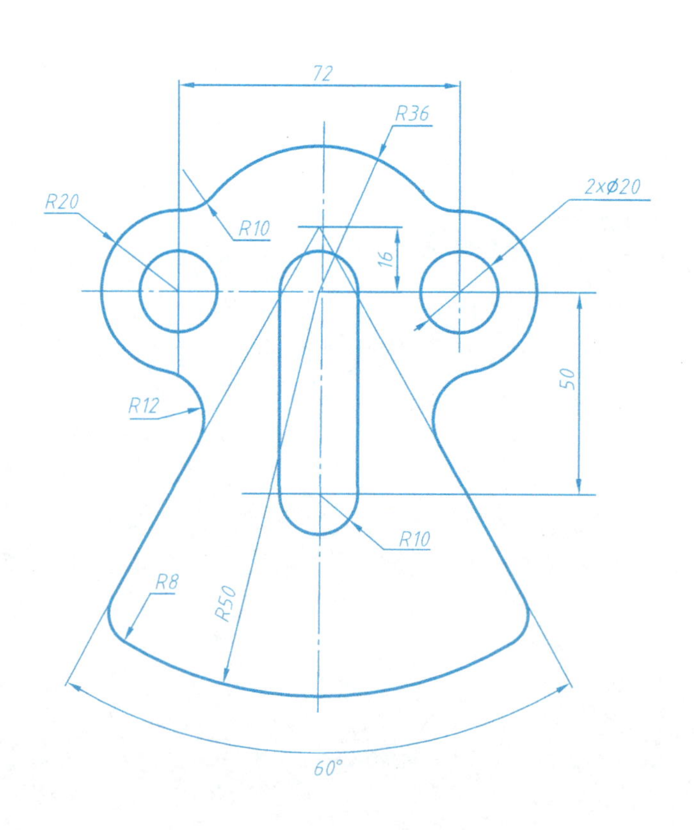

2.1 投影法的基本知识

班级	姓名	学号

2.1.1 由物体的三视图找出相应立体图。

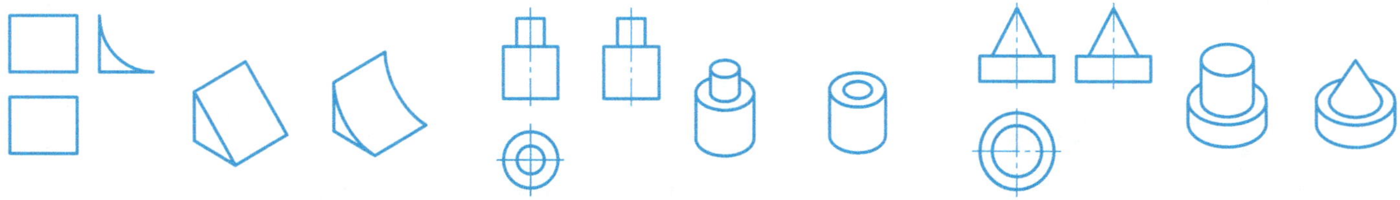

( )　(a)　(b)　( )　(a)　(b)　( )　(a)　(b)

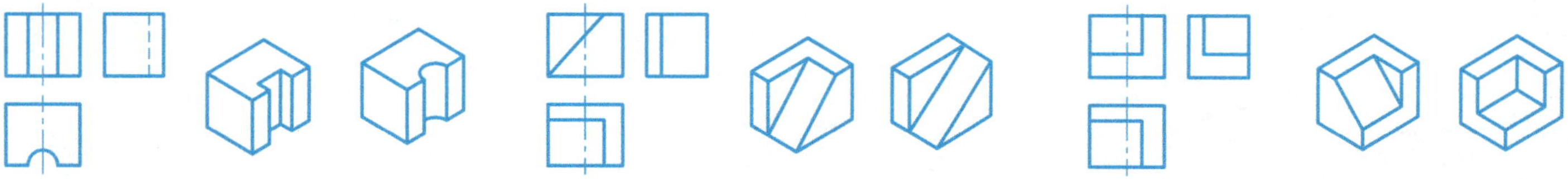

( )　(a)　(b)　( )　(a)　(b)　( )　(a)　(b)

2.1.2 观察各形体的立体图，找出与其相对应的视图，在视图下面的括号内填写对应的字母。

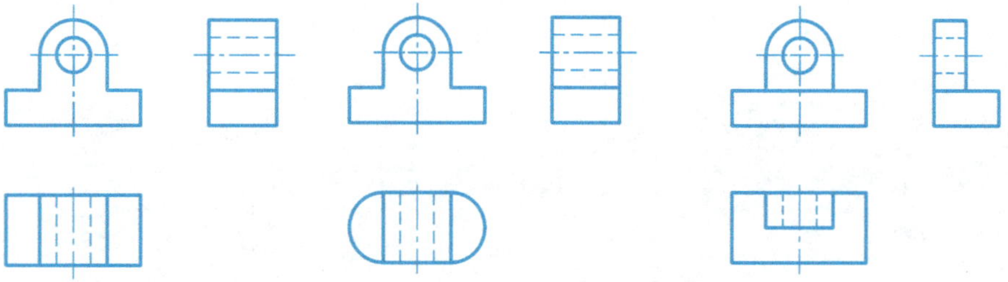

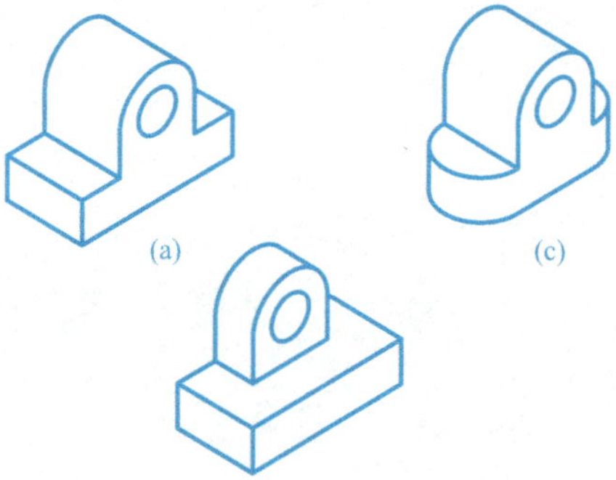

(a)　(c)

( )　( )　( )　(b)

3.1　点的投影　　班级　　姓名　　学号

3.1.1　按照立体图作出各点的三面投影图(直接在立体图上量取各点坐标)。

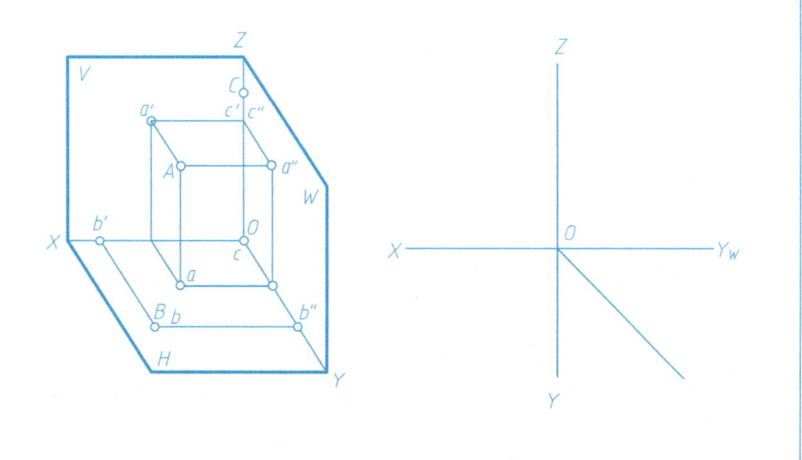

3.1.2　已知点A(25，15，20)；点B距W、V、H面分别为20、10、15；点C在点A之左10、之前15、之上12。求作各点的三面投影。

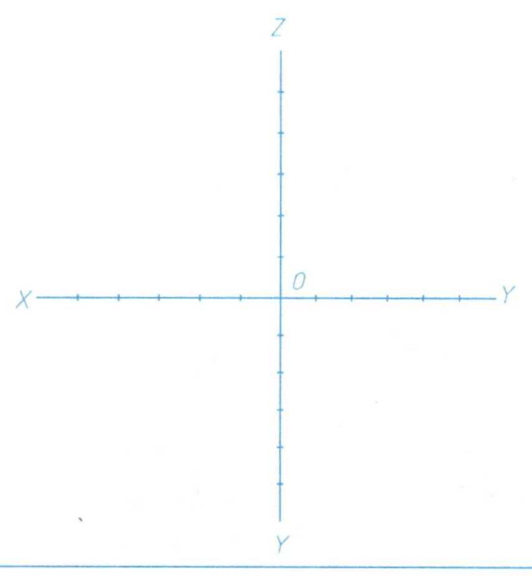

3.1.3　已知点B在点A的正上方15mm处，点C与点B同高，且在点B前方10mm，左方20mm，画出A、B、C三点的三面投影。

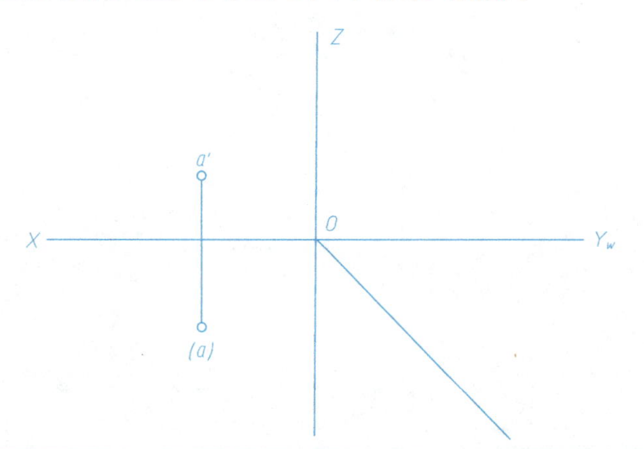

3.1.4　已知点A距离W面20；点B距离点A为25；点C与点A是对正面投影的重影点，Y坐标为30；点D在A的正下方20。补全各点的三面投影，并表明可见性。

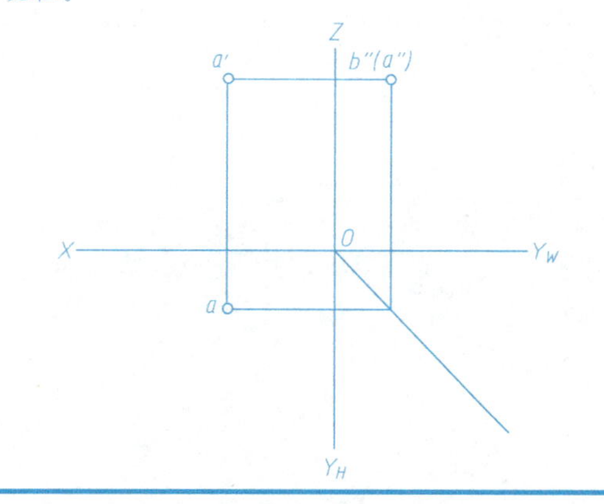

3.2　直线的投影

班级　　　　　　姓名　　　　　　学号

3.2.1　已知线段 AB 的两端点为 A(10，8，4)，B(3，3，5)，试作出线段 AB 的三面投影及直观图。

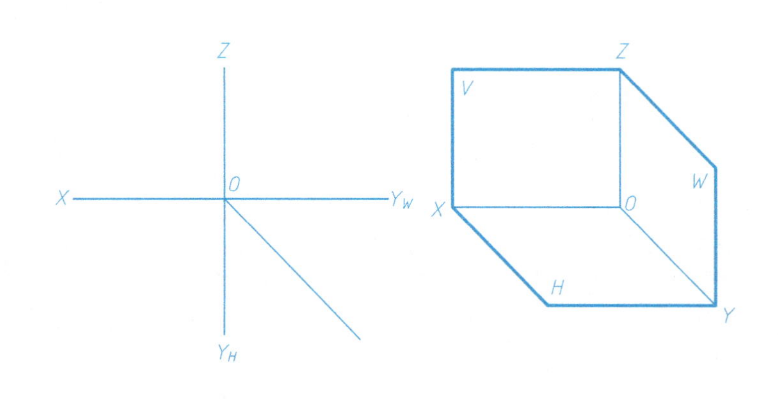

3.2.2　判别直线的空间位置。

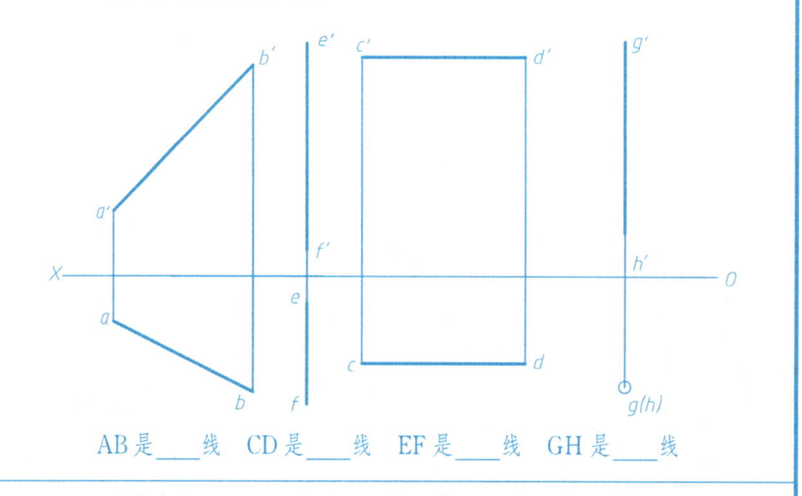

AB是____线　CD是____线　EF是____线　GH是____线

3.2.3　已知正平线 AB 距 V 面 30mm，与 H 面成 60°实长 25mm，求作直线 AB 的三面投影。

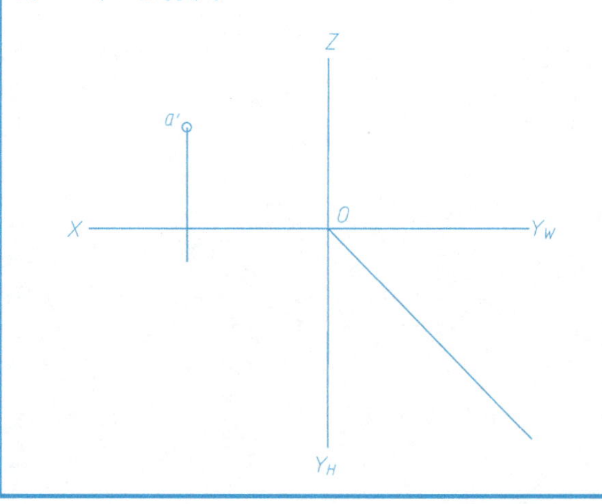

3.2.4　注出直线 AB、CD 的另两面投影符号，在立体图中标出 A、B、C、D，并填空说明其空间位置。

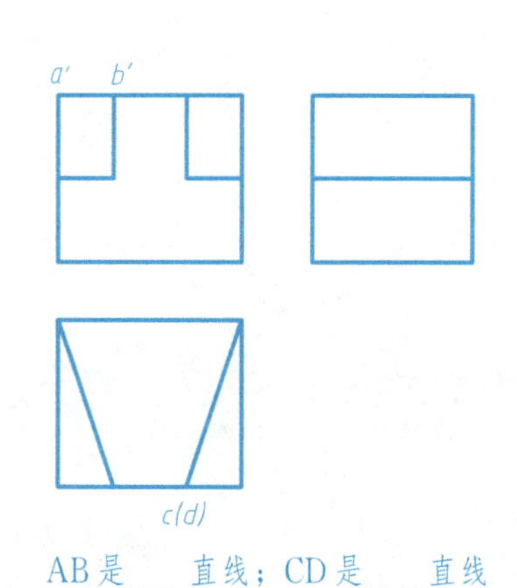

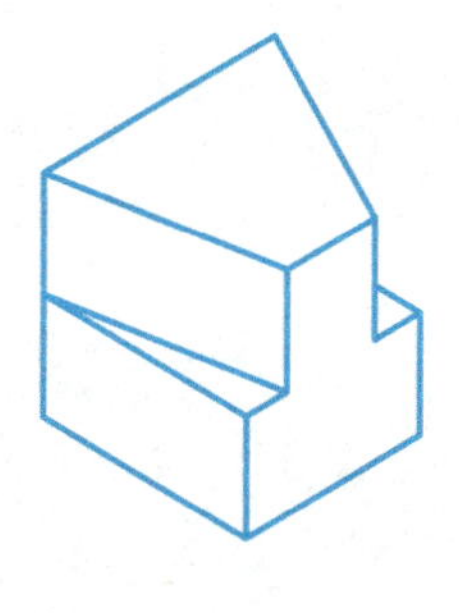

AB是____直线；CD是____直线

3.3 平面的投影

班级　　　　　　姓名　　　　　　学号

3.3.1 根据立体图，在投影图中标出 A、B、C、D 各面的三面投影，并说明其空间位置。

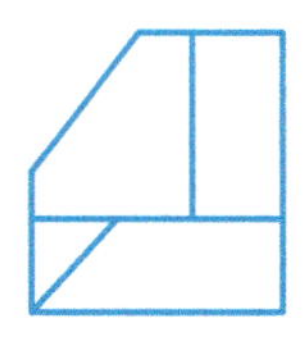

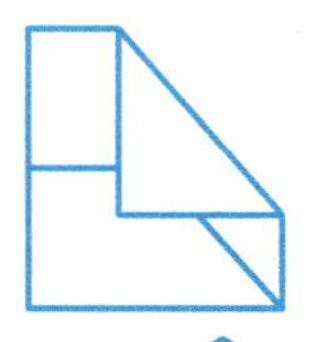

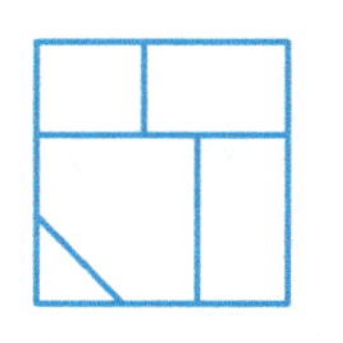

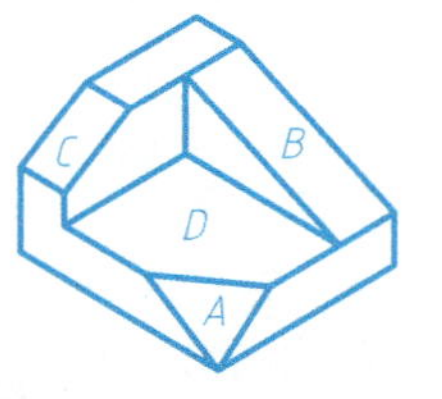

A 属于________面；C 属于________面；

B 属于________面；D 属于________面。

3.3.2 AD 是△ABC 内的正平线，AE 是该平面内的水平线，求△ABC 的水平投影。

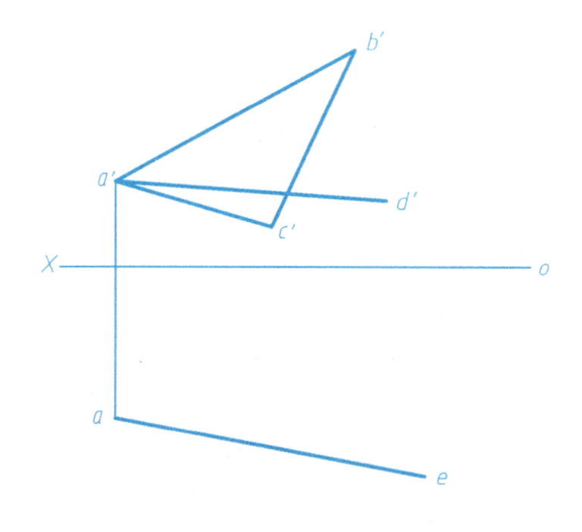

3.3.3 补全平面图 PQRST 的两面投影。

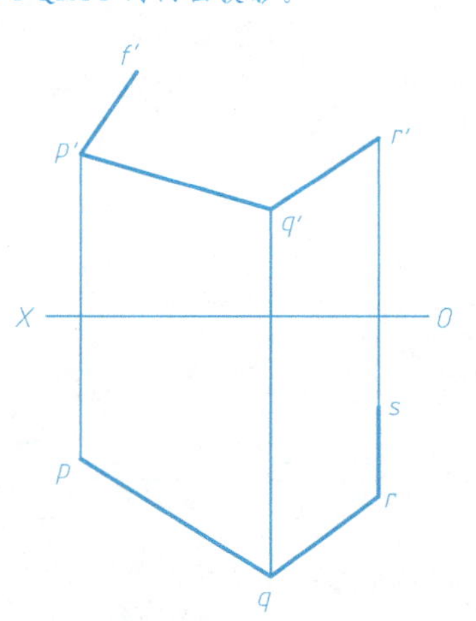

3.3.4 判断点 D、F，直线 CE 是否在平面△ABC 上。

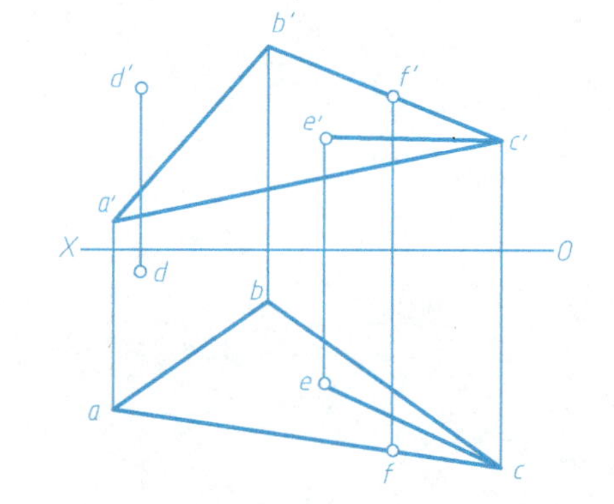

点 D________；点 F________；直线 CE________。

3.4 直线与平面及两平面之间的相对位置

班级　　　　姓名　　　　学号

3.4.1 判断下列各图中的直线与平面是否平行。

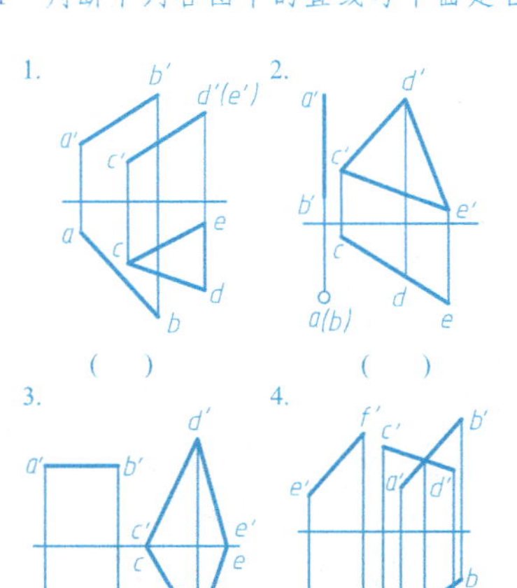

3.4.2 判断点 A、B、C、D 是否在同一平面上。

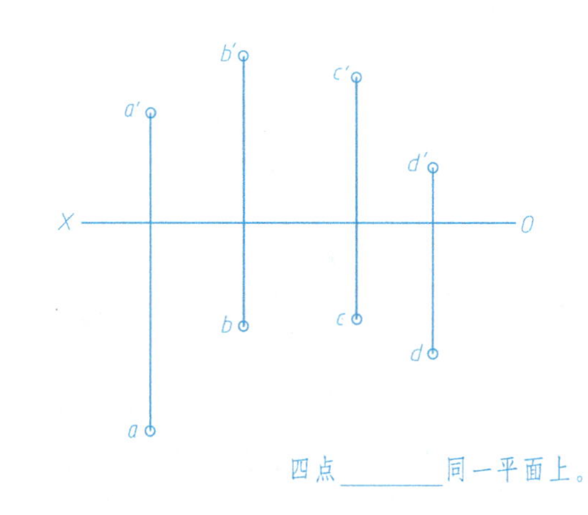

四点________同一平面上。

3.4.3 过点K作一水平线与平面△ABC平行。

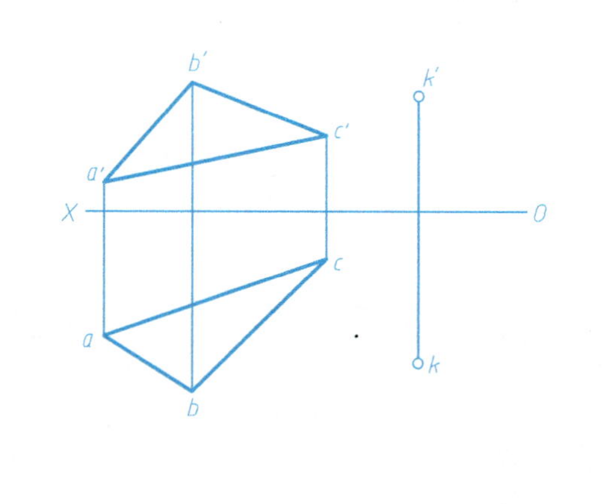

3.4.4 已知三角形 ABC 在 P 平面内，完成其V面投影。

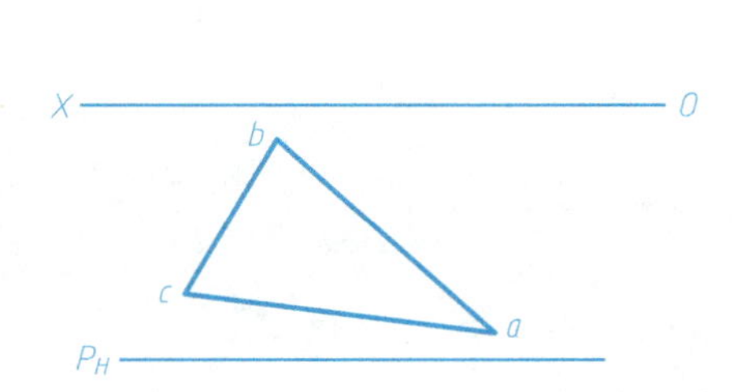

3.4.5 完成平面图形 $ABCDEFGH$ 的三个投影。

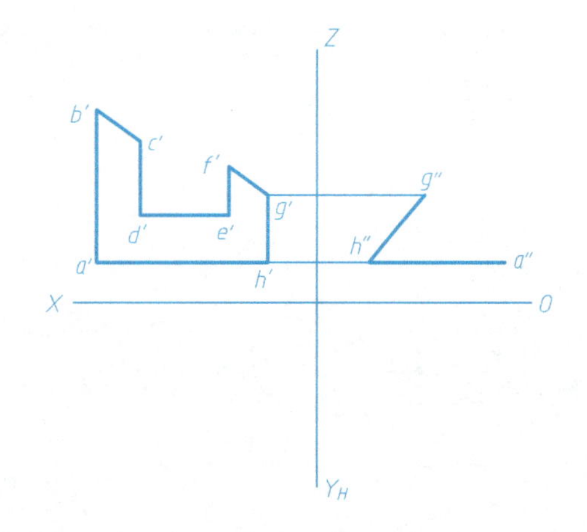

3.4.6 求直线 AB 与平面的交点，并判别可见性。

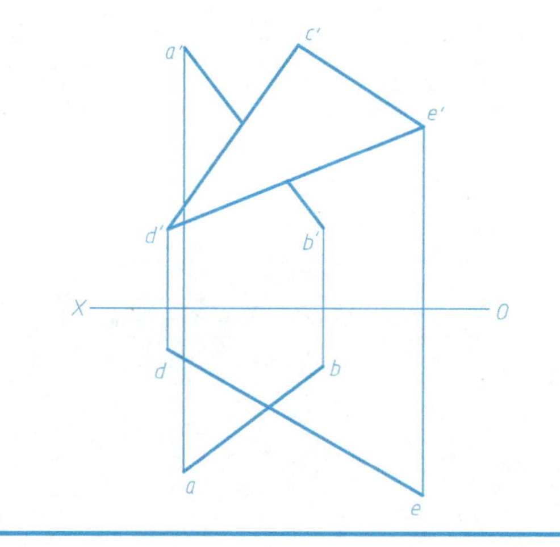

4.1　立体投影及其表面上的点和线（平面立体）

班级　　　　姓名　　　　学号

4.1.1　作三棱柱的侧面投影，并补全三棱柱表面上各点的三面投影。

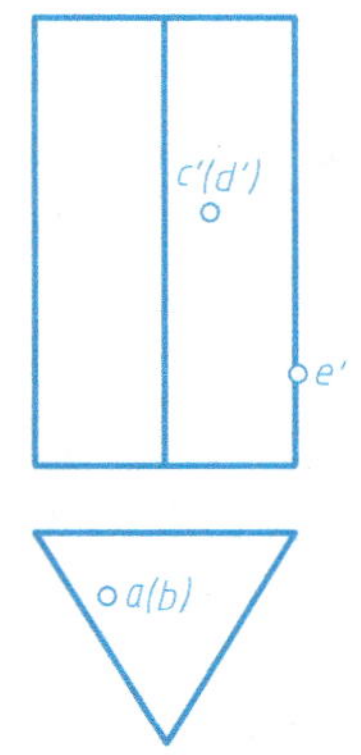

4.1.2　已知三棱台表面上点的一面投影，求作点的另二面投影。

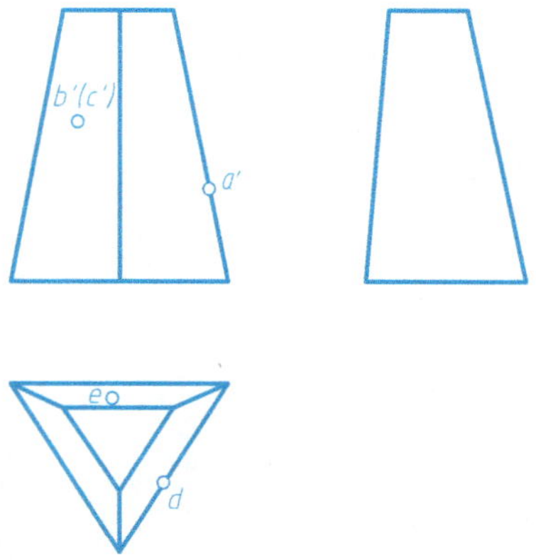

4.1.3　已知五棱锥表面上点的一面投影，求作点的另二面投影。

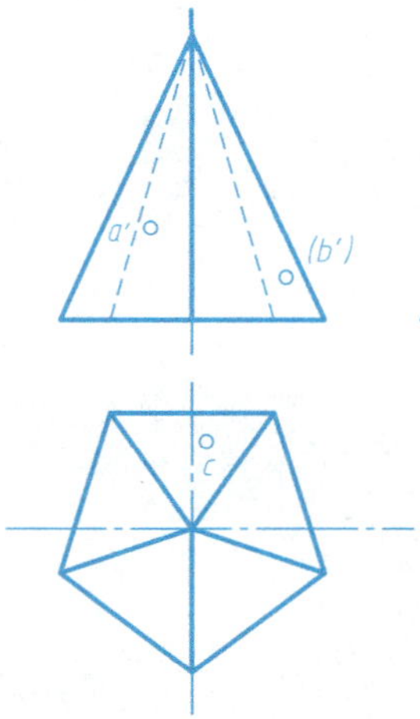

4.1.4　作三棱锥的侧面投影，并作出表面上折线 ABCD 的正面投影和侧面投影。

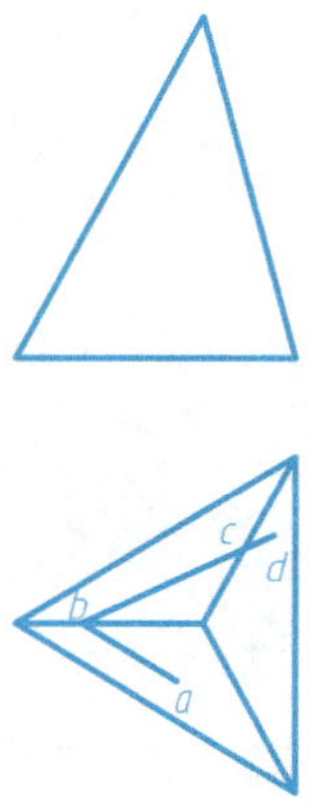

4.1 立体投影及其表面上的点和线(曲面立体)	班级 姓名 学号

4.1.5 作圆柱的侧面投影，并补全圆柱表面上各点的其余两面投影。

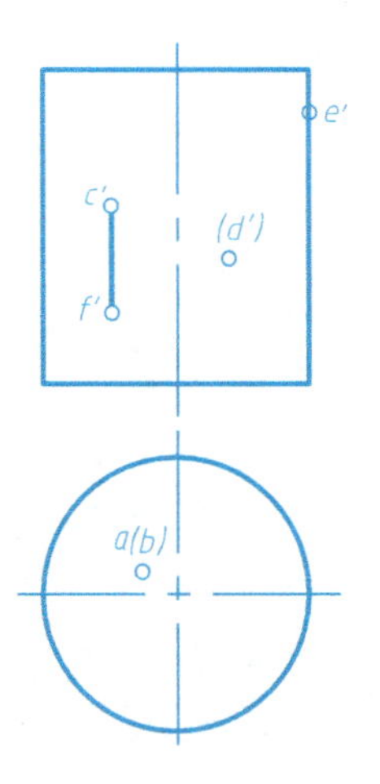

4.1.6 已知圆锥两视图及其表面上点的一面投影，求作第三视图及点的另二面投影。

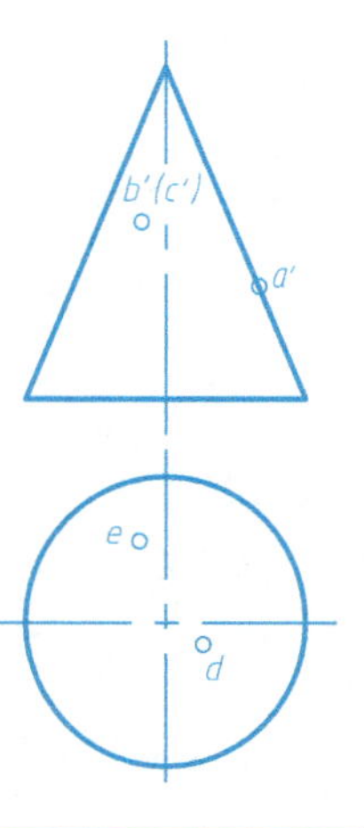

4.1.7 已知球的两面投影及其表面上点的一面投影，求作第三视图及点的另二面投影。

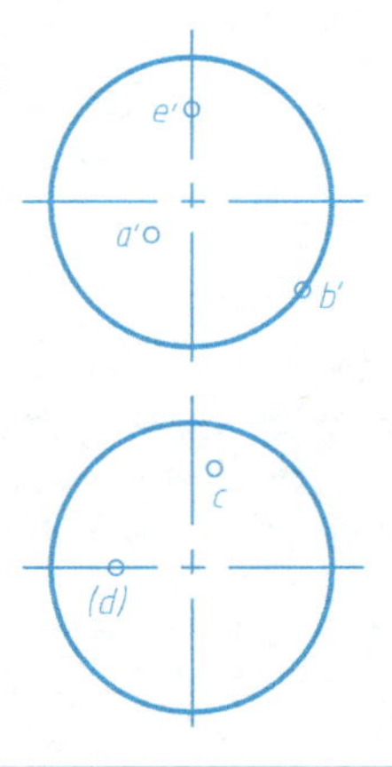

4.1.8 作立体的水平投影，并作出表面上直线ABCD、EF的水平投影和侧面投影。

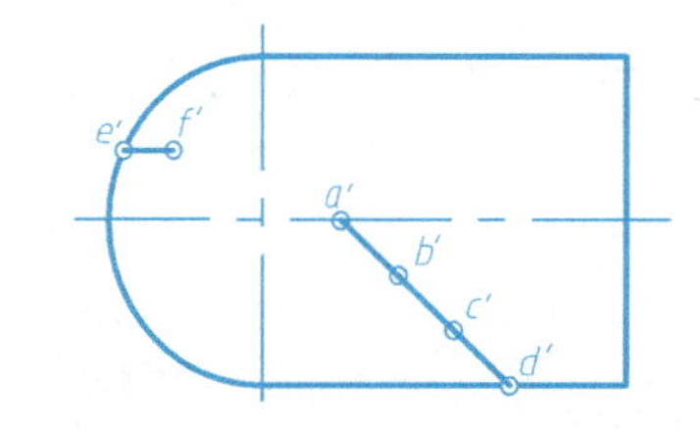

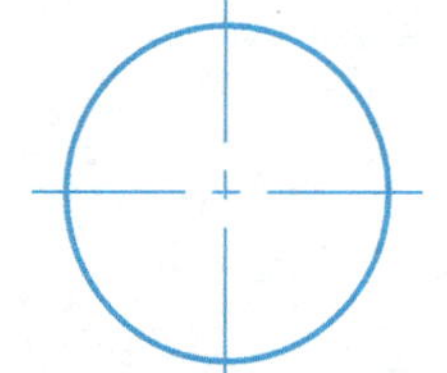

4.2　立体表面的交线(平面与平面立体的截交线)	班级	姓名	学号

4.2.1　作正四棱柱被截切后的水平投影和侧面投影。

4.2.2　作四棱柱被截切后的水平投影。

4.2.3　作正四棱锥被截切后的水平投影和侧面投影。

4.2.4　完成三棱锥被截切后的水平投影，并求作其侧面投影。

4.2.5　求三棱柱被穿孔后的侧面投影。

4.2.6　作正四棱柱被截切后的侧面投影。

4.2　立体表面的交线(平面与曲面立体的截交线)	班级	姓名	学号

4.2.7　作圆柱被截切后的水平投影和侧面投影。

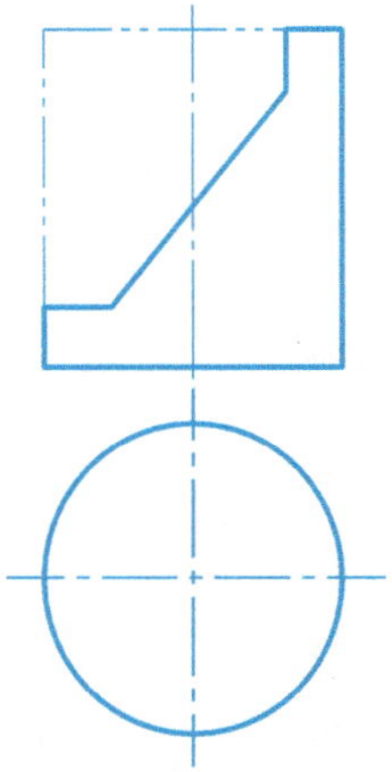

4.2.8　作圆柱套筒被截切后的水平投影和侧面投影。

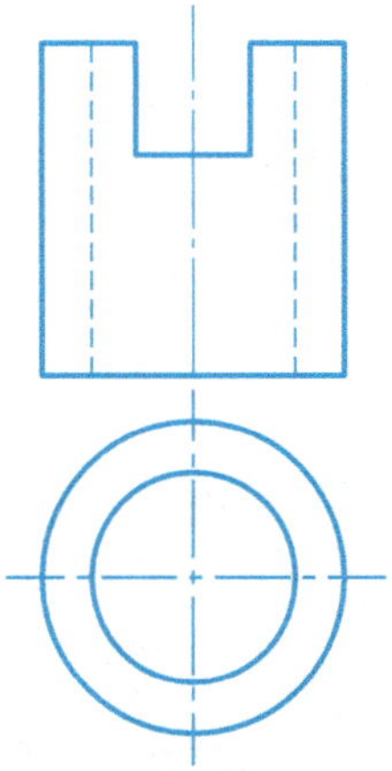

4.2.9　作圆锥被截切后的水平投影和侧面投影。

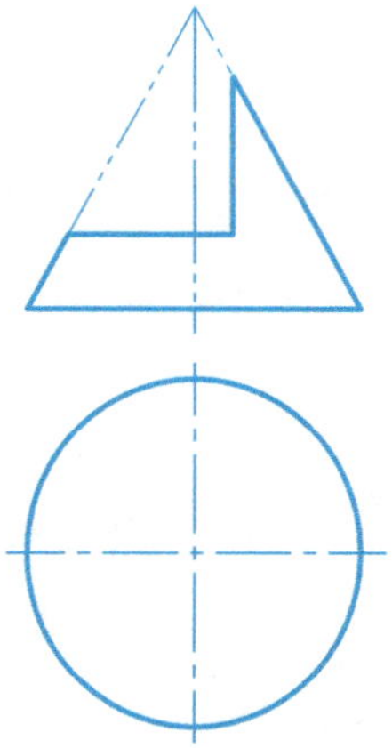

4.2.10　完成圆锥被截切后的水平投影，并求作其侧面投影。

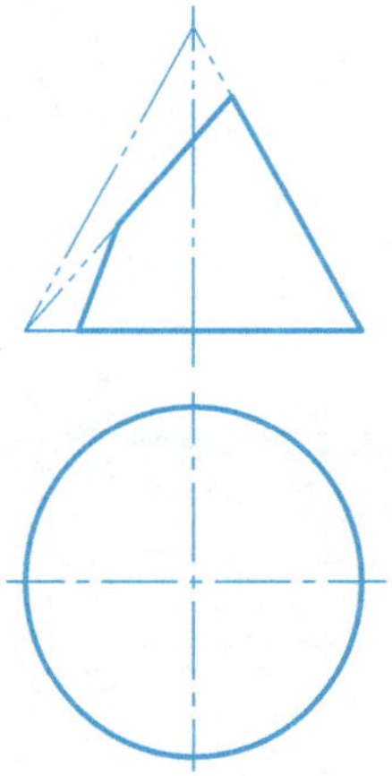

4.2.11　求球被截切后的水平投影和侧面投影。

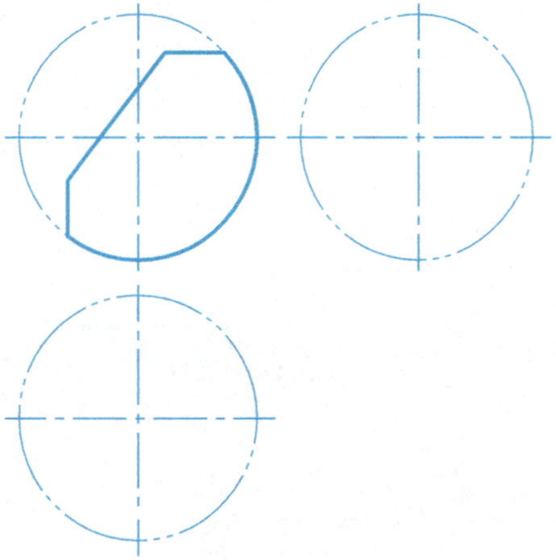

4.2.12　求球被穿孔后的正面投影和侧面投影。

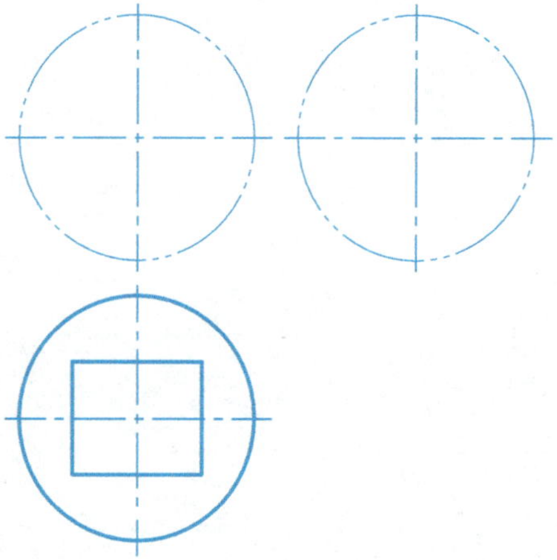

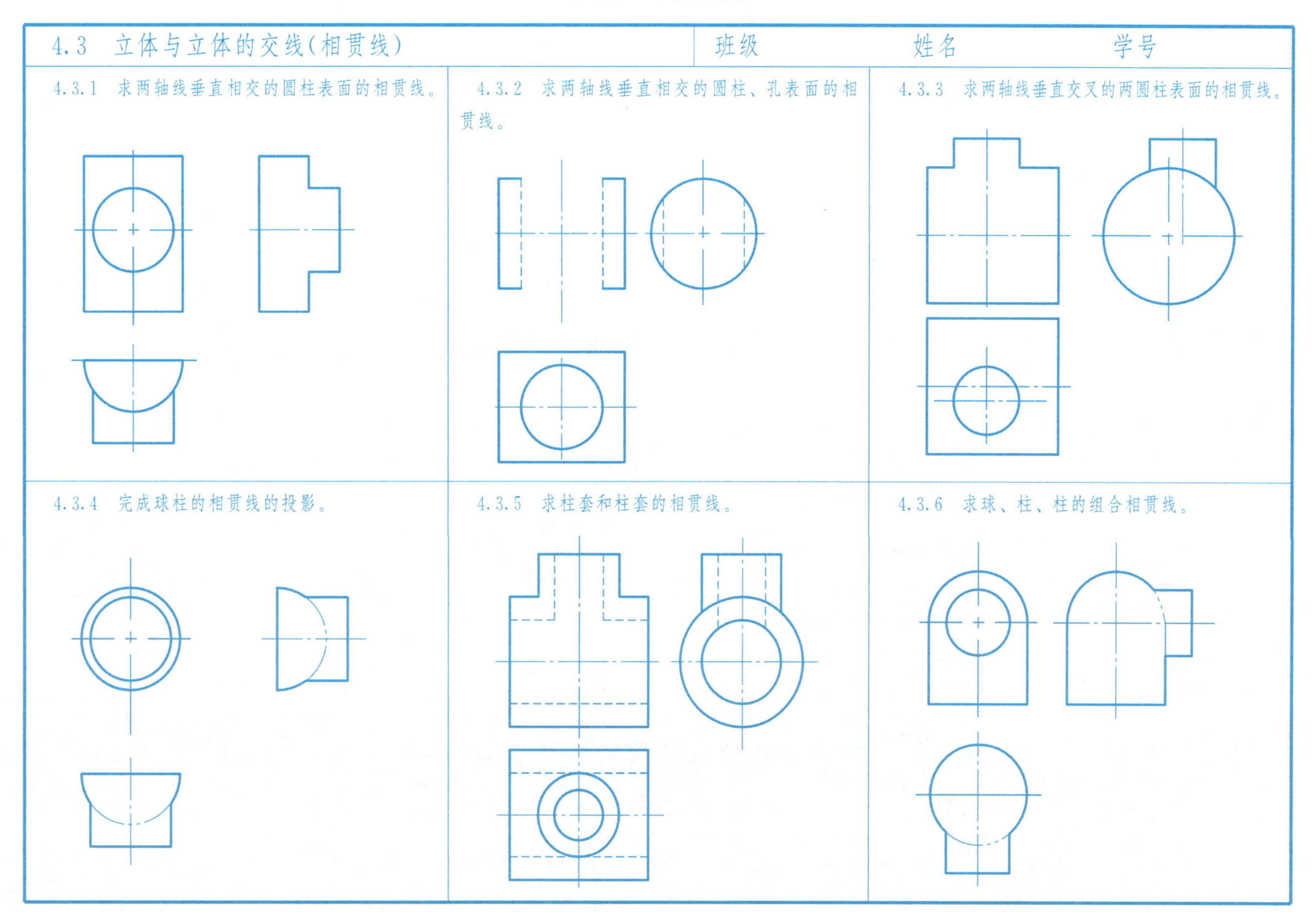
4.3　立体与立体的交线(相贯线)
班级
姓名
学号
4.3.1　求两轴线垂直相交的圆柱表面的相贯线。
4.3.2　求两轴线垂直相交的圆柱、孔表面的相贯线。
4.3.3　求两轴线垂直交叉的两圆柱表面的相贯线。
4.3.4　完成球柱的相贯线的投影。
4.3.5　求柱套和柱套的相贯线。
4.3.6　求球、柱、柱的组合相贯线。

5.1　组合体三视图的形成及特点

班级　　　　姓名　　　　学号

5.1.1　根据组合体投影图选择轴测图，并将其顺序号注在视图右下脚圆圈内。

5.1.2　由组合体立体图和两视图补画第三视图。

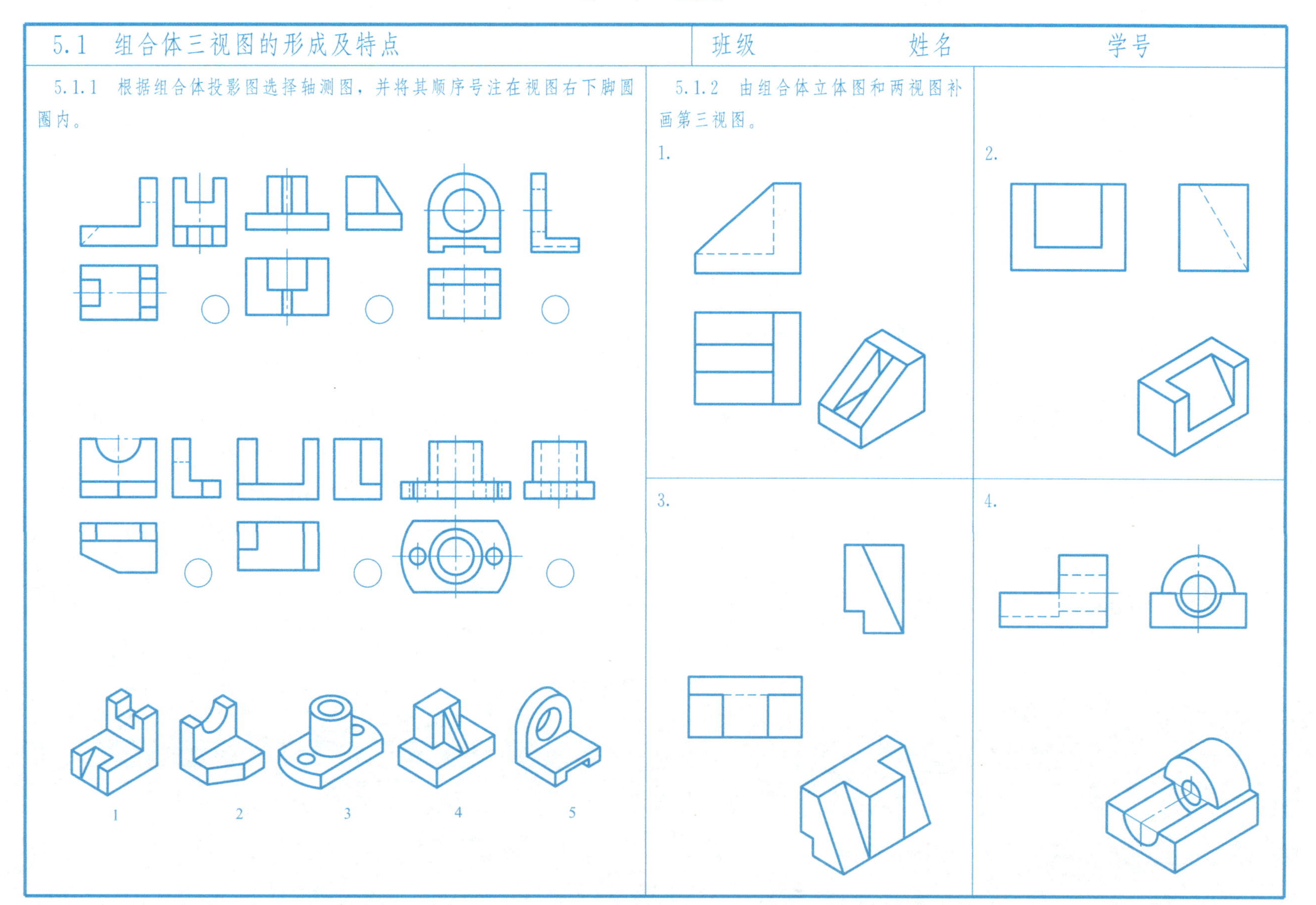

5.2 画组合体三视图(1)

班级　　　　姓名　　　　学号

5.2.1 根据立体图和所给视图补画第三视图。

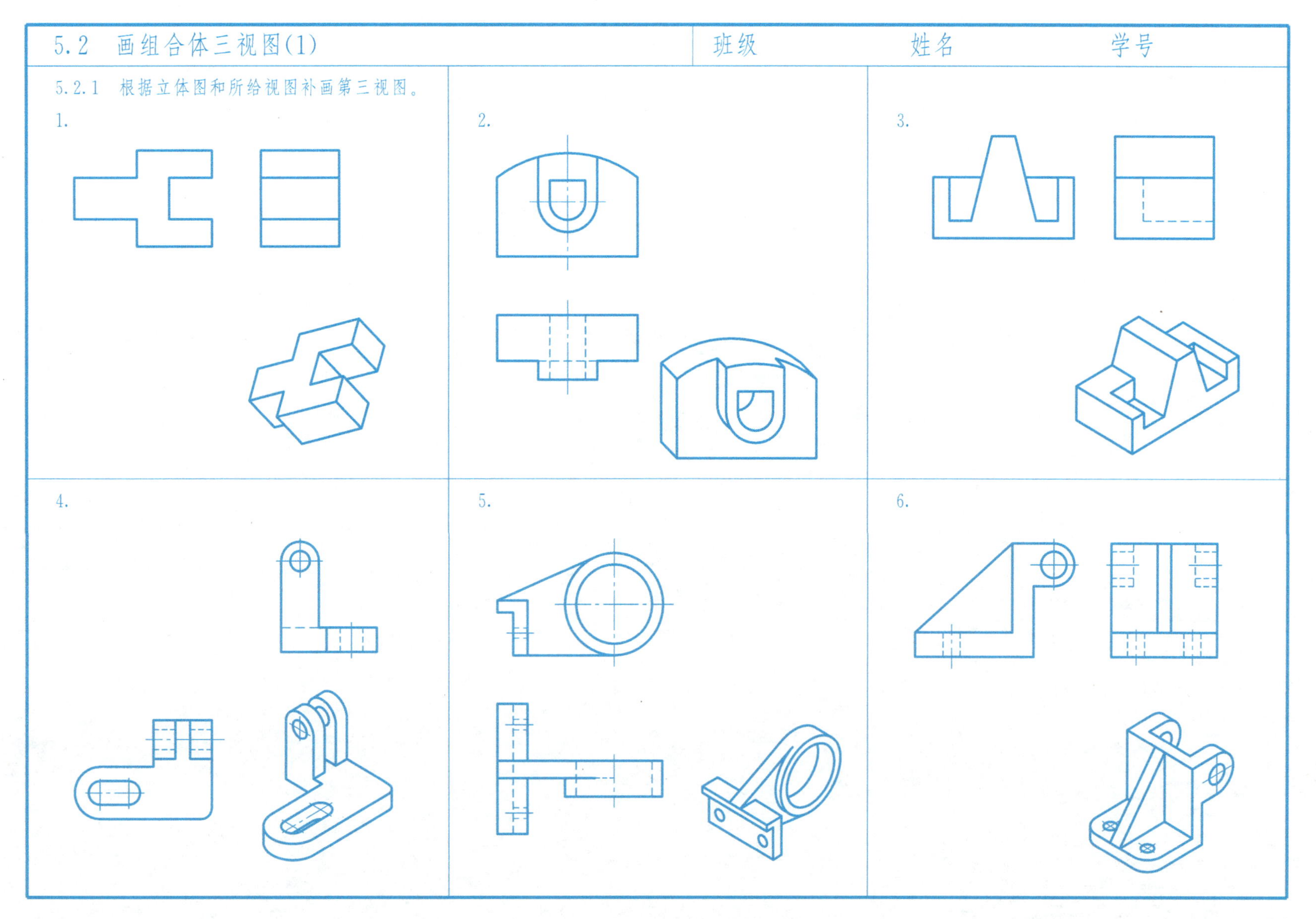

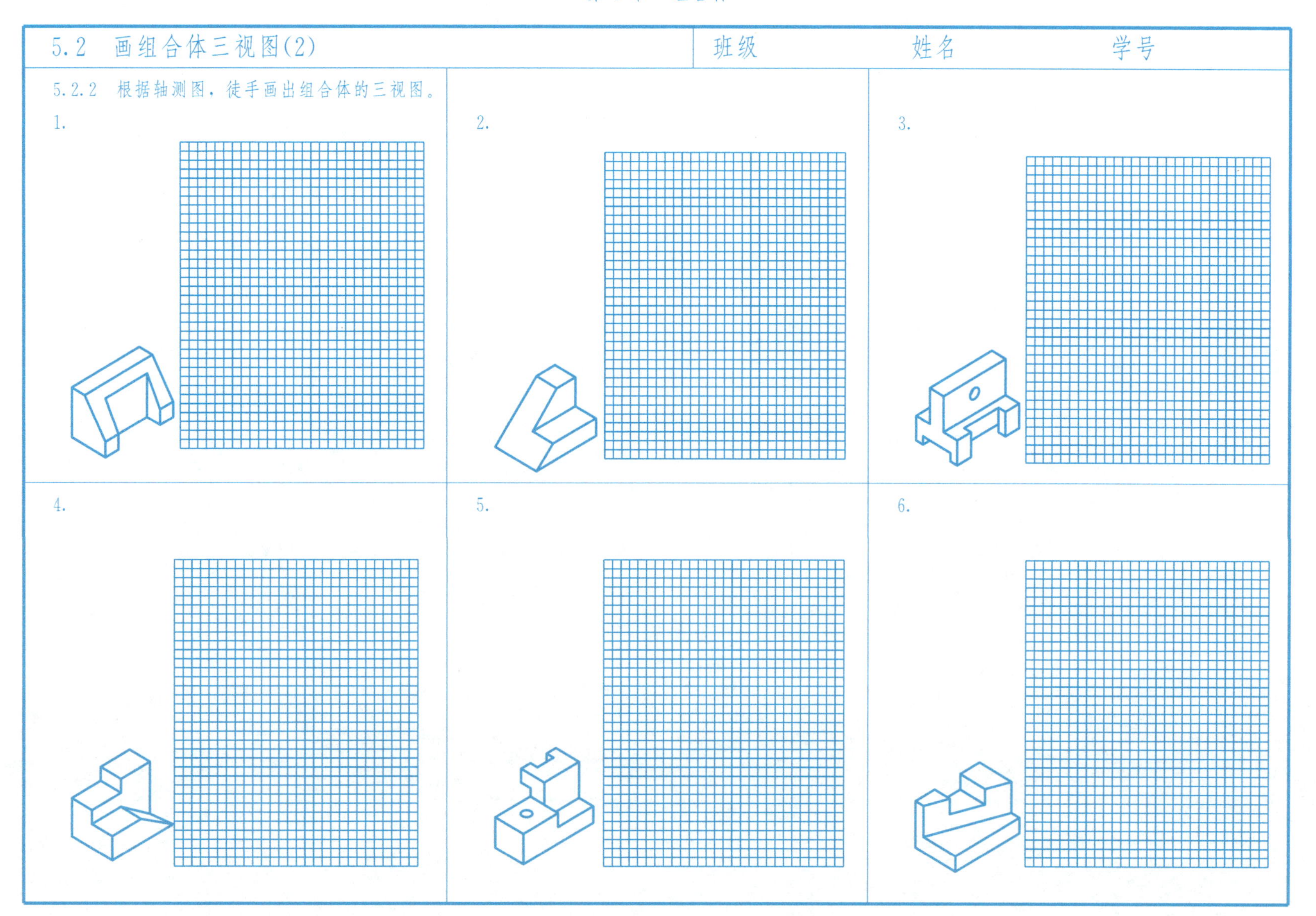
5.2　画组合体三视图(2)
班级
姓名
学号
5.2.2　根据轴测图，徒手画出组合体的三视图。
1.
2.
3.
4.
5.
6.

5.2 画组合体三视图(3)

班级　　　　姓名　　　　学号

5.2.3 根据轴测图及其所注尺寸，选择1∶1的比例绘制组合体的三视图。

1.

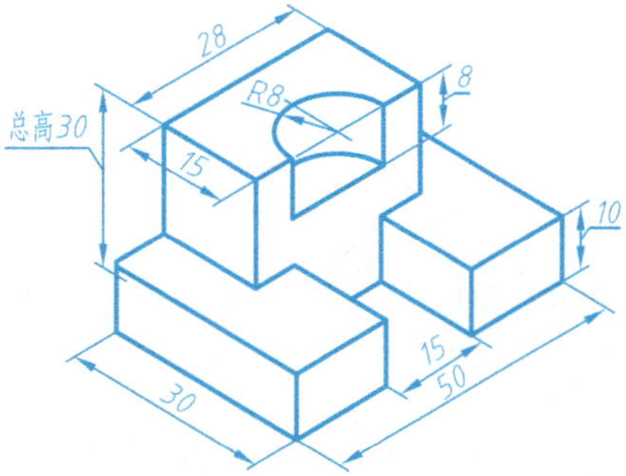

2.

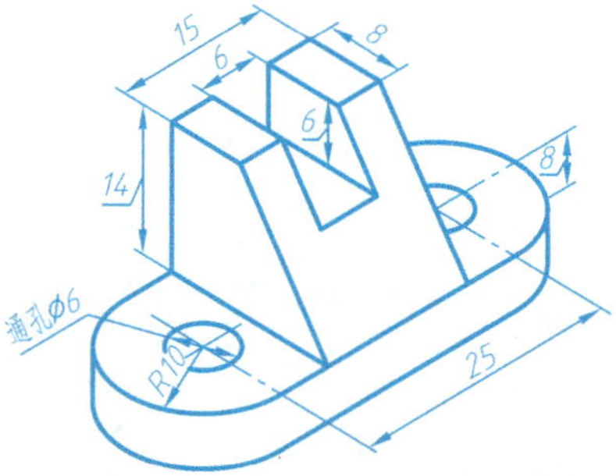

3.

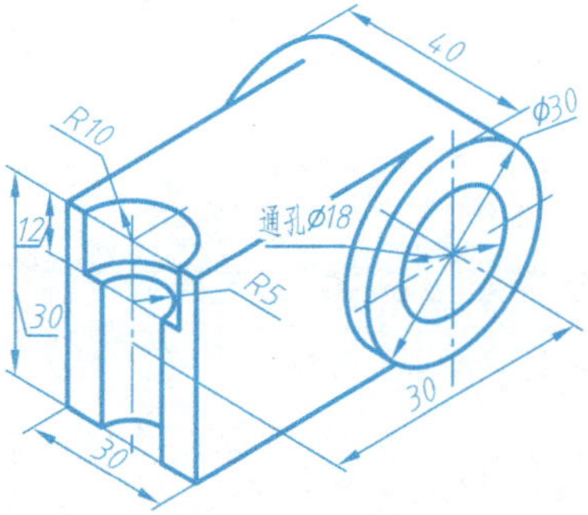

4.

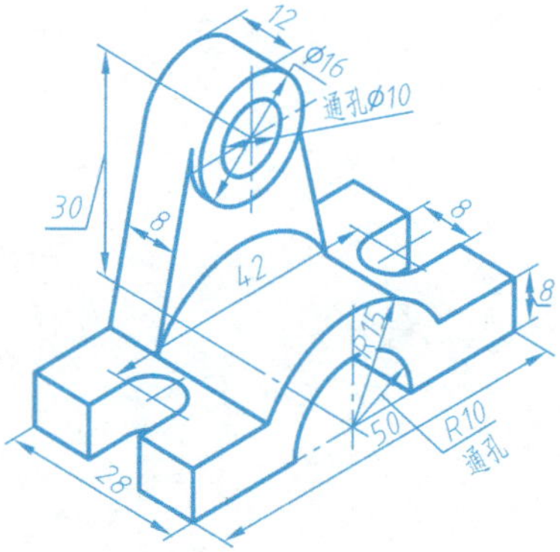

5.3　组合体的尺寸标注(1)

班级　　　　姓名　　　　学号

5.3.1　补全视图中所漏的尺寸(尺寸数值在图中按比例量取，取整数)。

1.

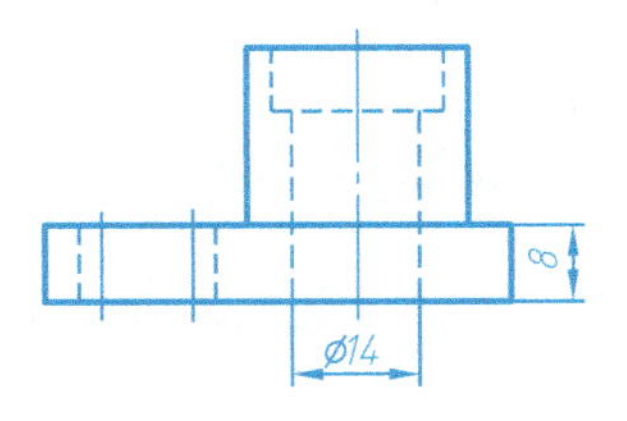

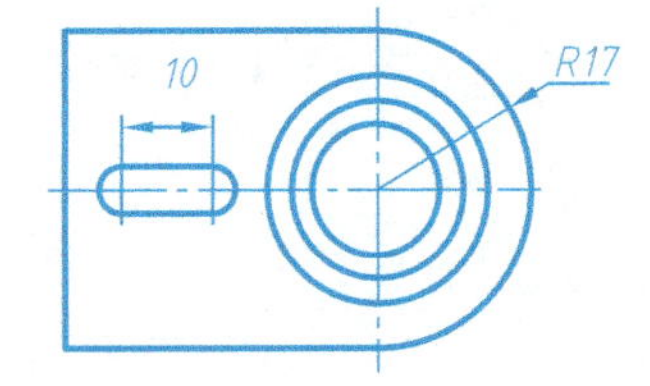

2.

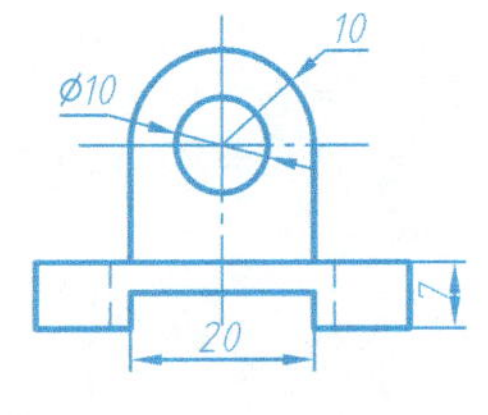

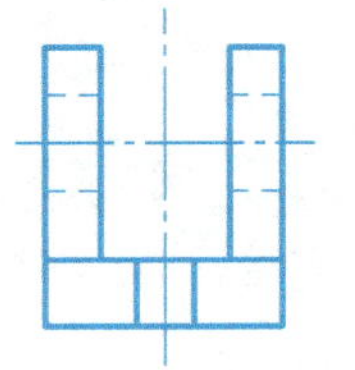

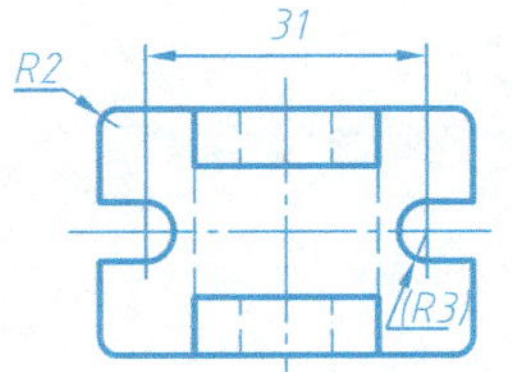

5.3.2　用形体分析法标注组合体的尺寸(尺寸数值从图中按比例量取，并取整数)。

1.

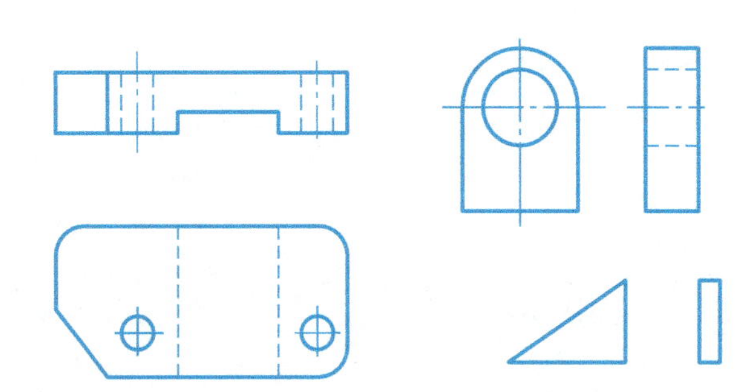

2.

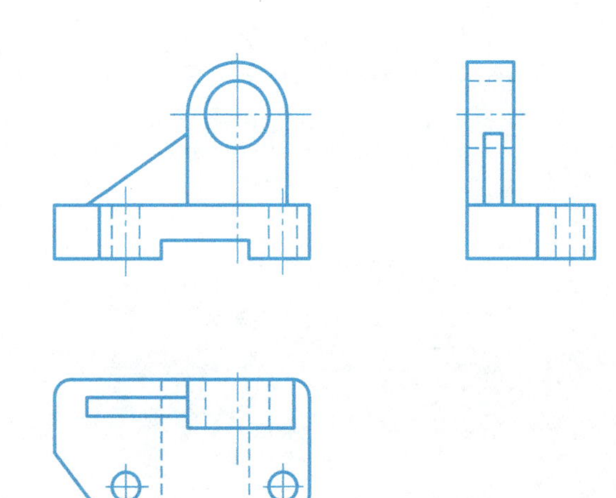

5.3 组合体的尺寸标注(2)

班级　　姓名　　学号

5.3.3 选择合理的尺寸基准标注组合体的尺寸(尺寸数值从图上1:1量取，取整数)。

1.

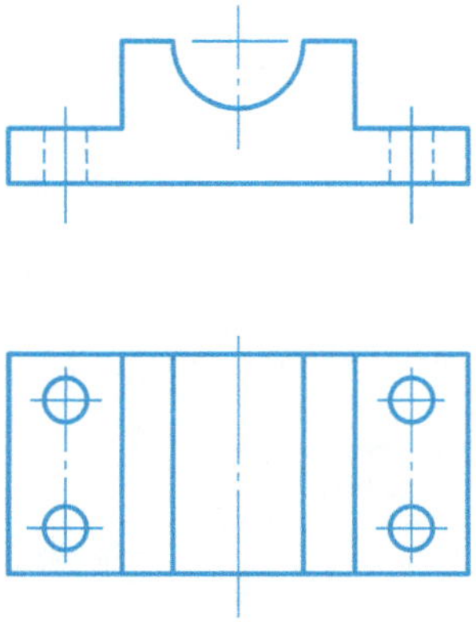

2.

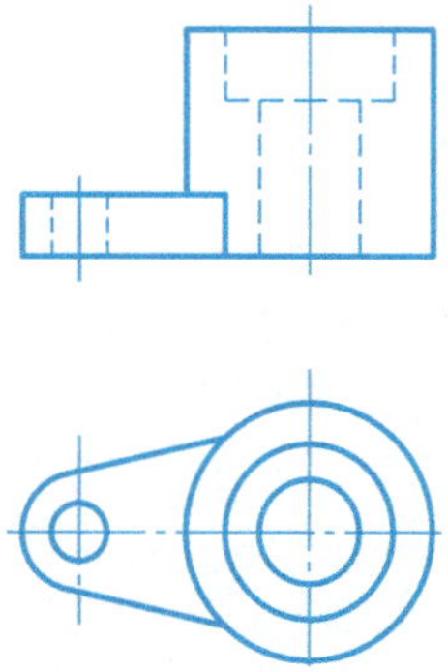

3.

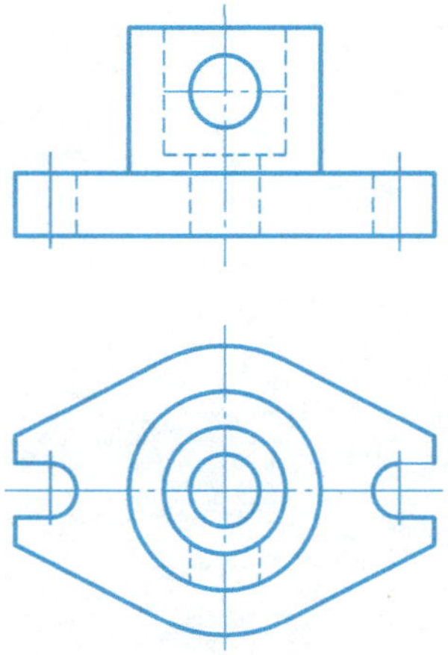

4.

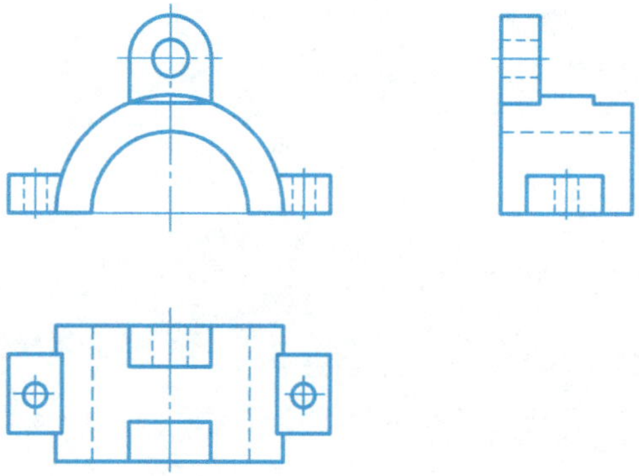

5.4 对照立体图补画投影图中所缺的图线。	班级	姓名	学号

1.

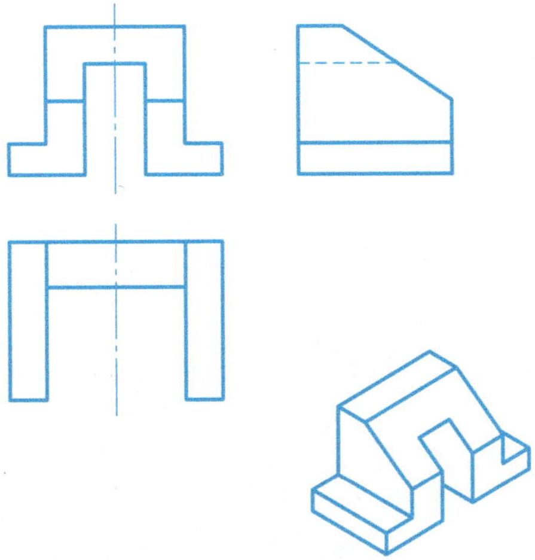

2.

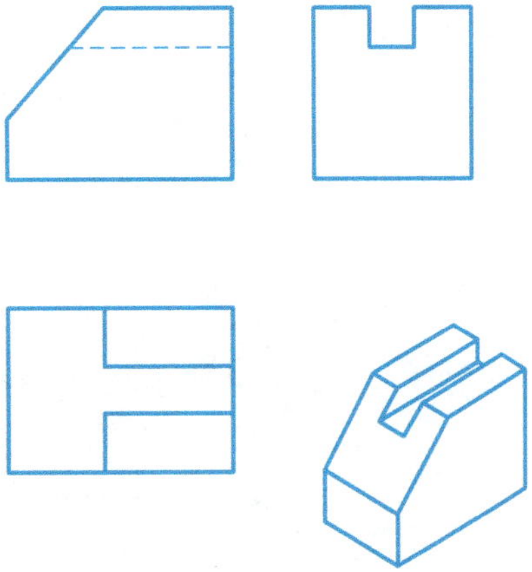

3.

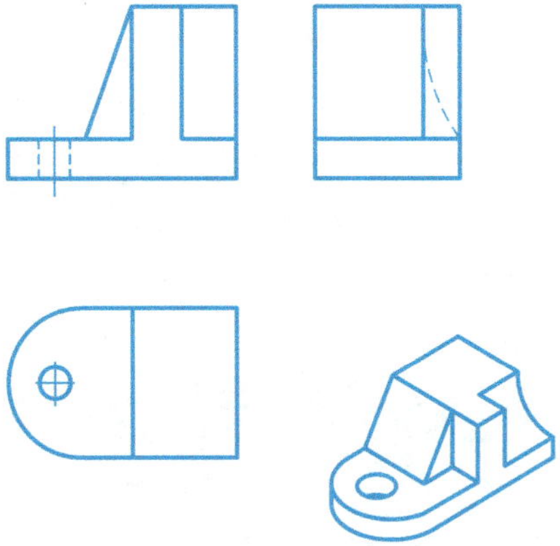

4.

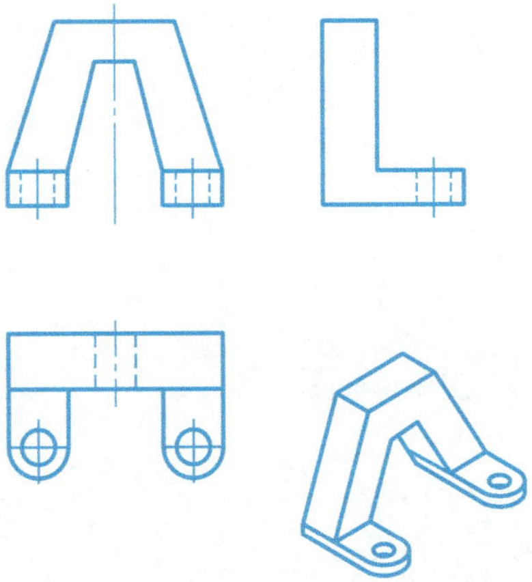

5.

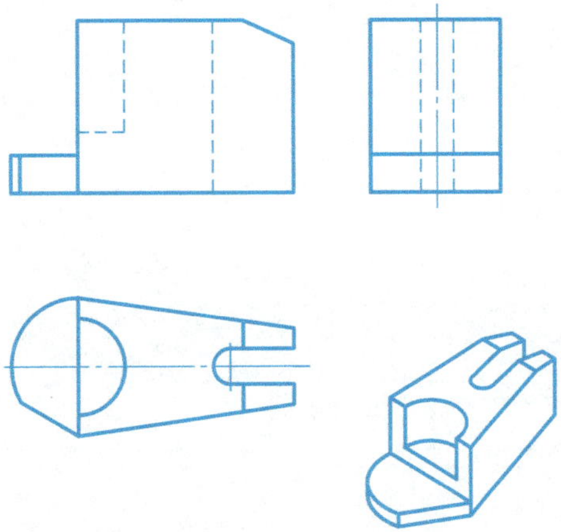

6.

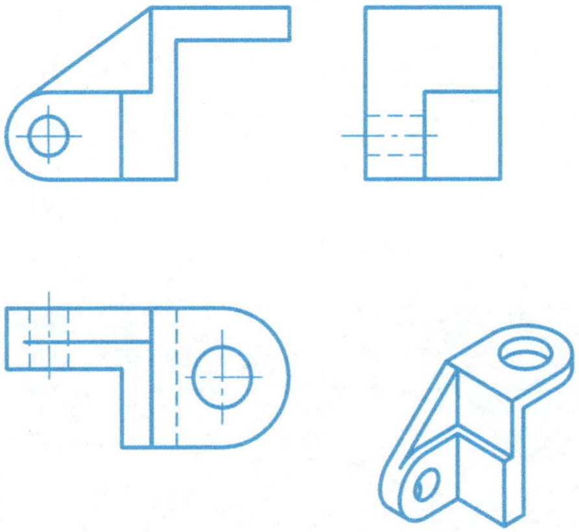

5.5　组合体上线、面的空间位置分析。

班级　　　　　　姓名　　　　　　学号

5.5.1　对照立体图，分析图中所示各图线的空间位置，并在视图中标出其投影。

1.

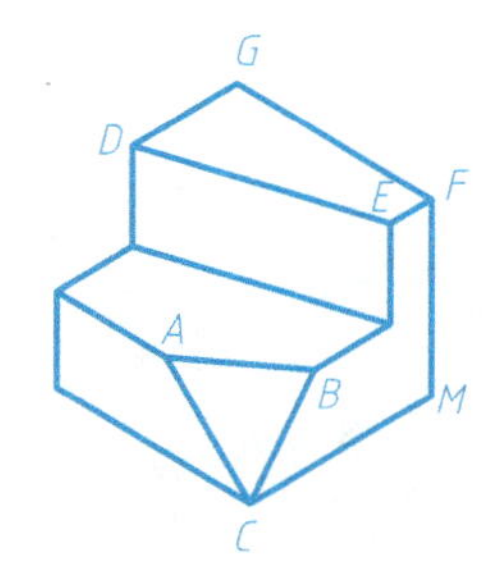

线段 AB 是______线　　线段 DE 是______线

线段 BC 是______线　　线段 DG 是______线

线段 CD 是______线　　线段 FM 是______线

2.

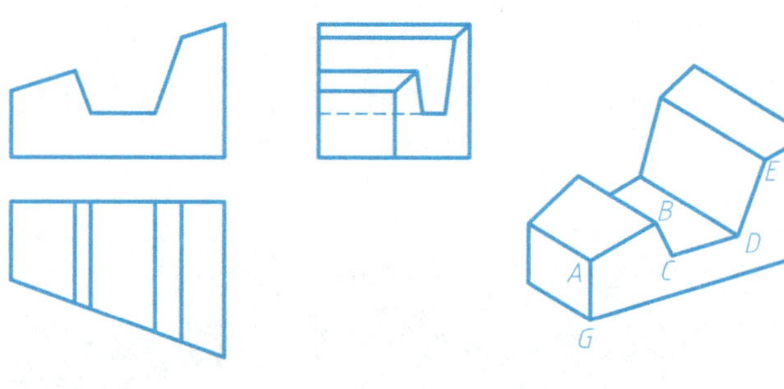

线段 AB 是______线　　线段 DE 是______线

线段 CD 是______线　　线段 FG 是______线

5.5.2　对照立体图，分析图中所示各面的空间位置，并补画左视图。

1.

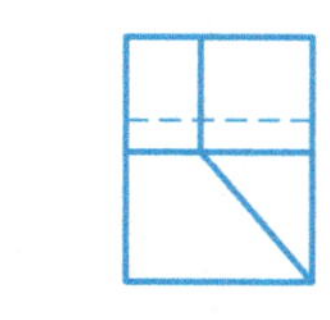

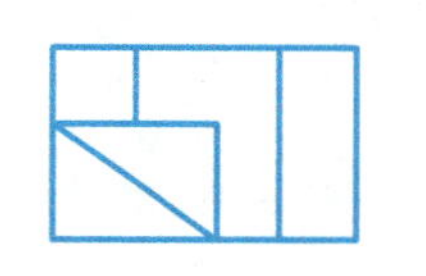

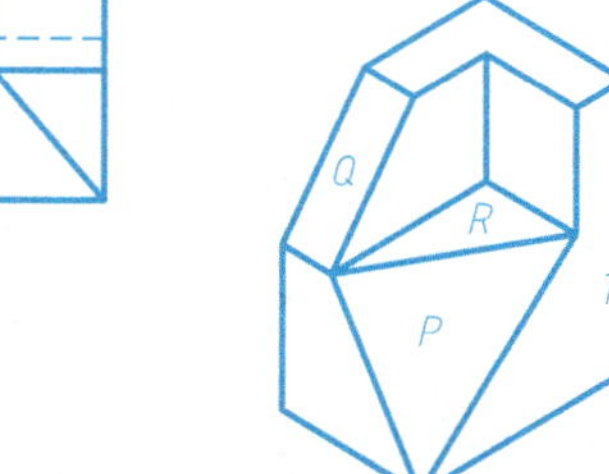

面 P 是______面　　面 Q 是______面

面 R 是______面　　面 T 是______面

2.

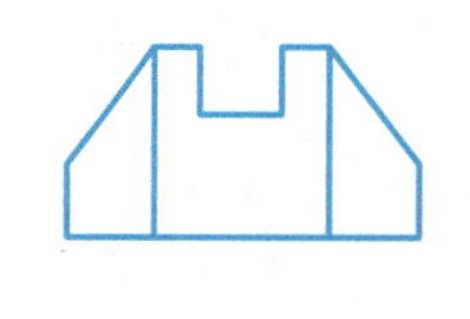

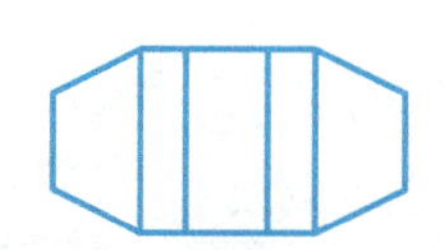

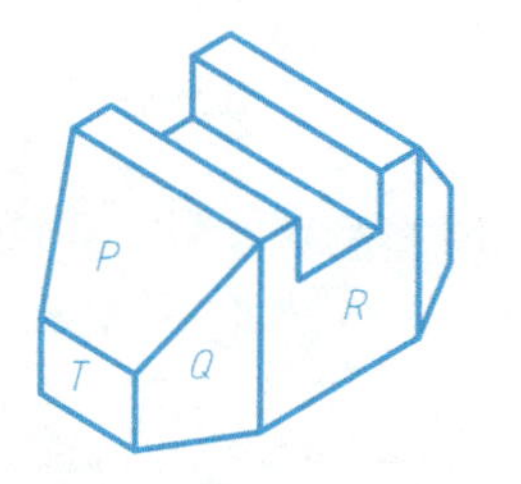

面 P 是______面　　面 Q 是______面

面 R 是______面　　面 T 是______面

5.6 读组合体视图(1)	班级	姓名	学号

5.6.1 补画视图中所缺的图线。

1.

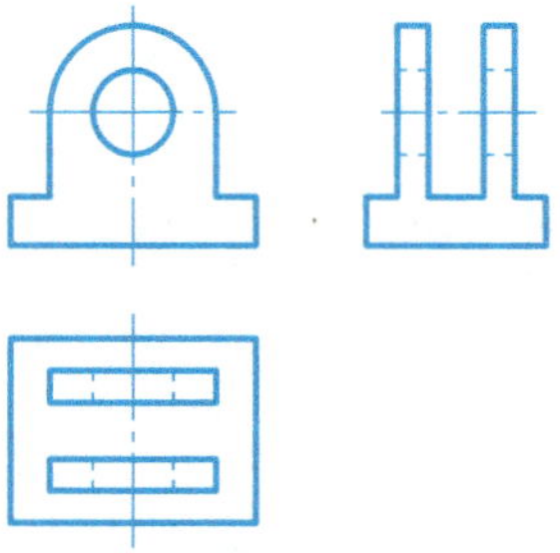

2.

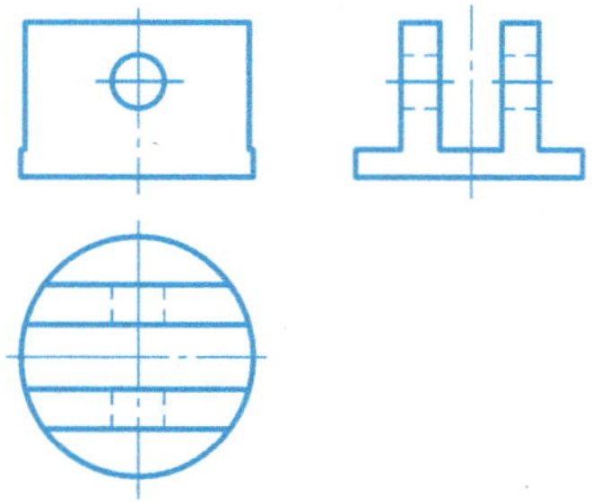

3.

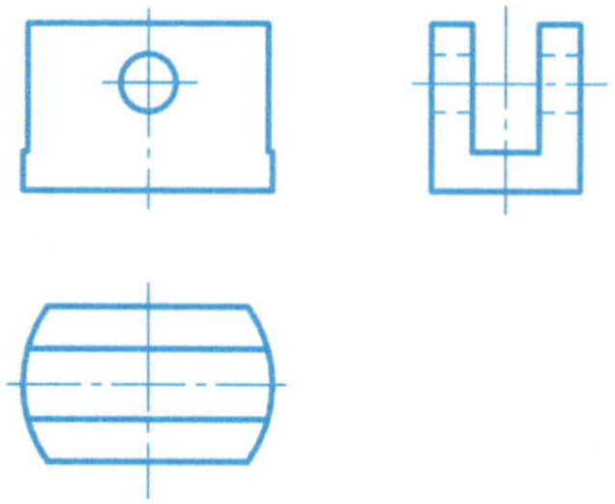

4.

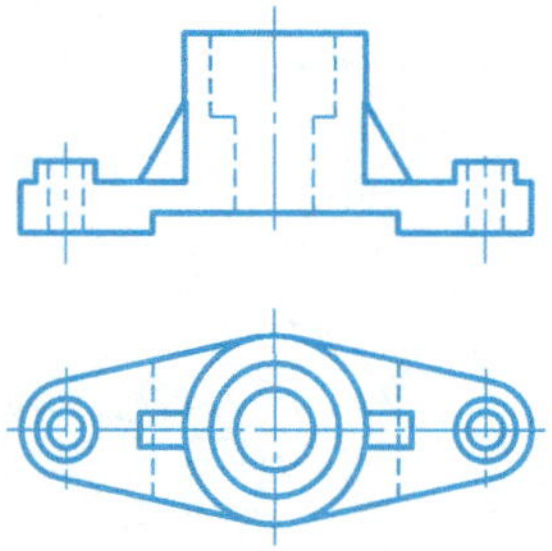

5.

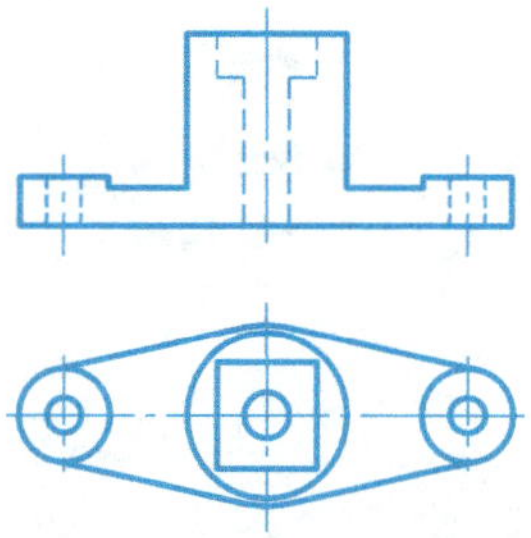

6.

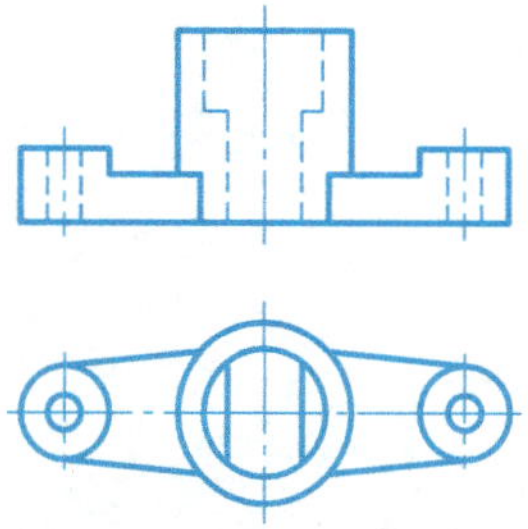

7.

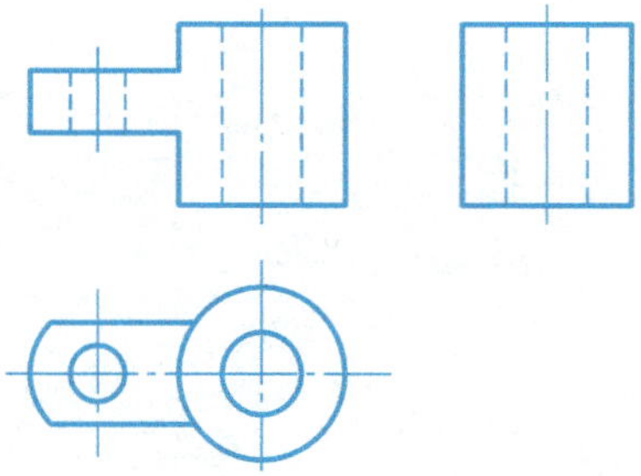

8.

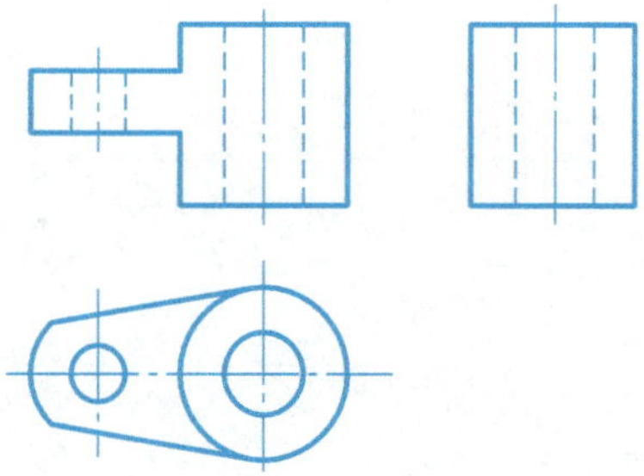

9.

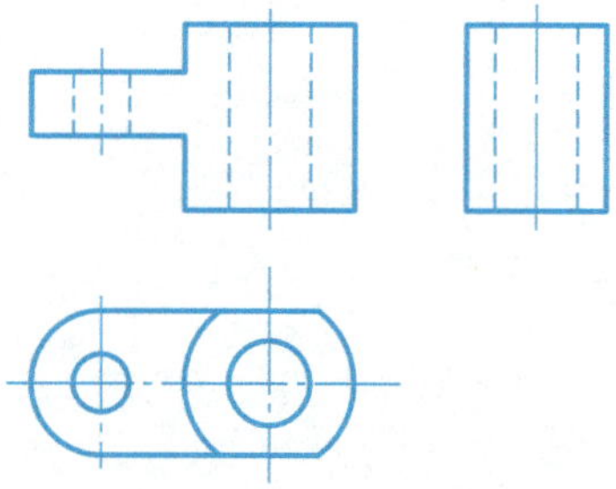

5.6 读组合体视图(2)

班级　　　　姓名　　　　学号

5.6.2 补画组合体视图中的漏线。

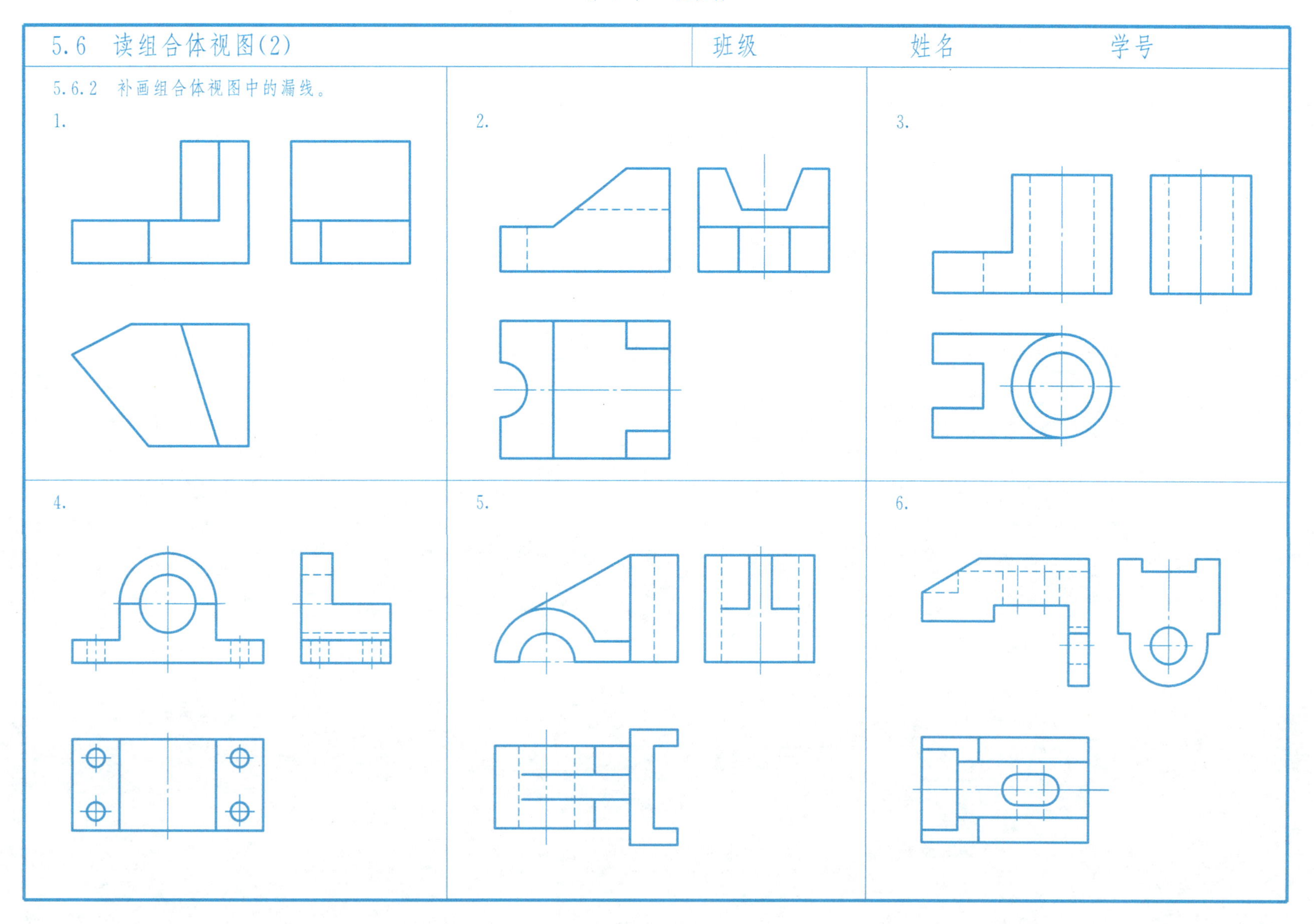

5.6 读组合体视图(3)	班级	姓名	学号

5.6.3 读懂组合体视图，补画第三视图(图1中左侧为方槽)。

1.

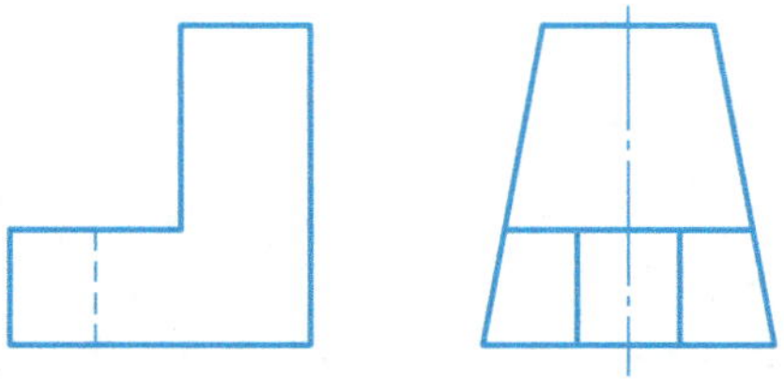

2.

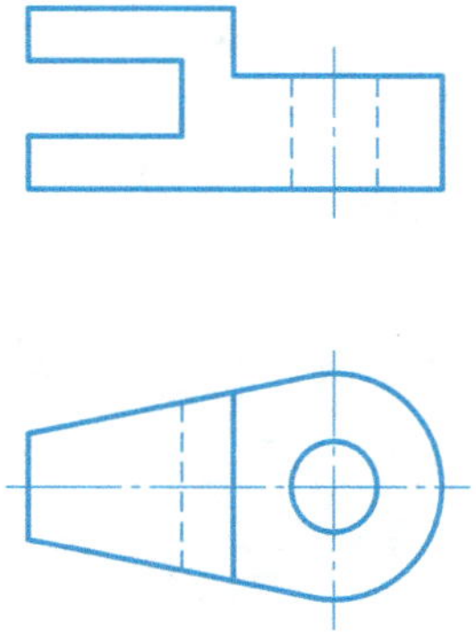

3.

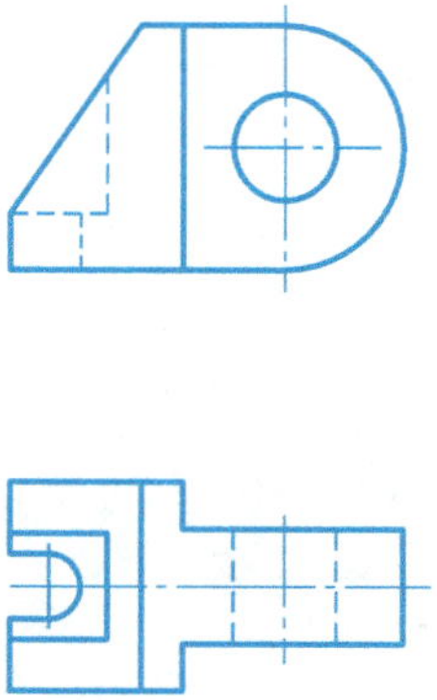

4.

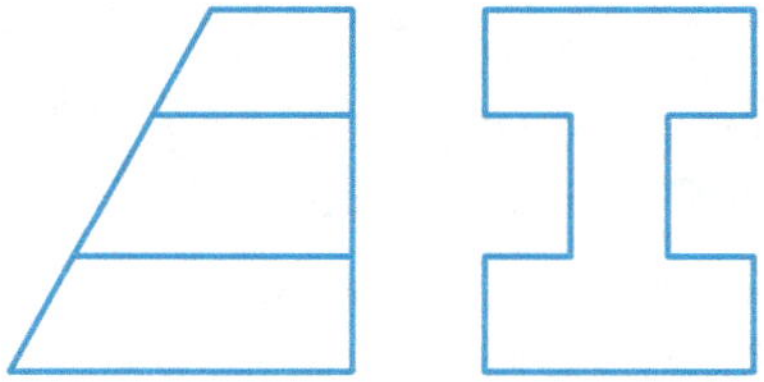

5.

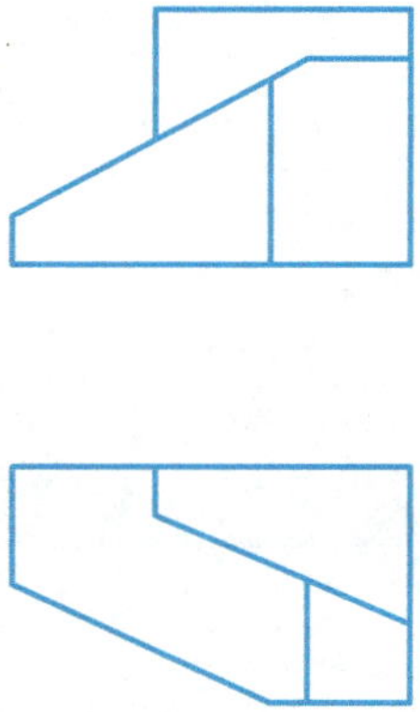

6.

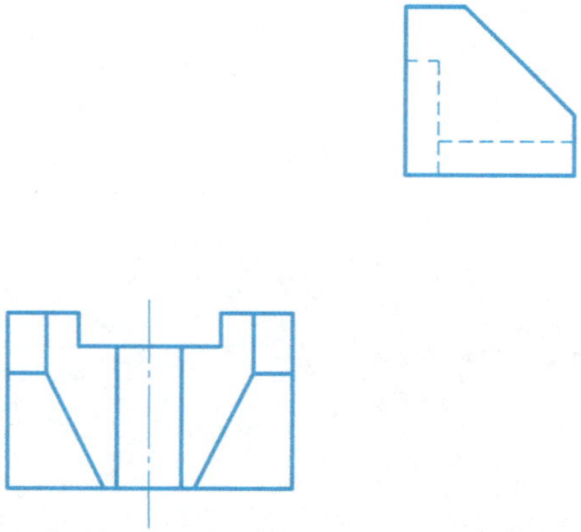

5.6 读组合体视图(4)	班级	姓名	学号

5.6.4 根据组合体两视图，补画视图。

1.

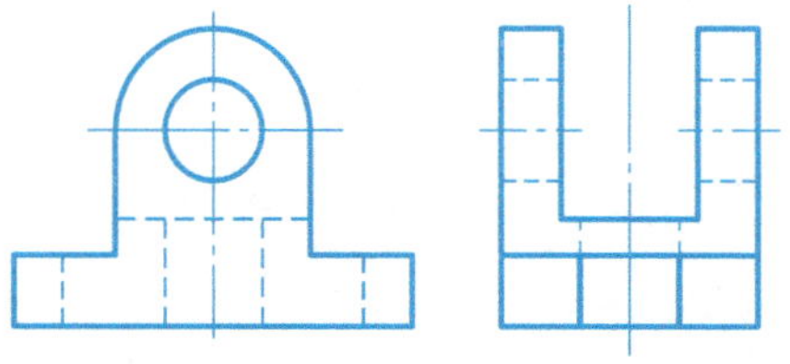

2.

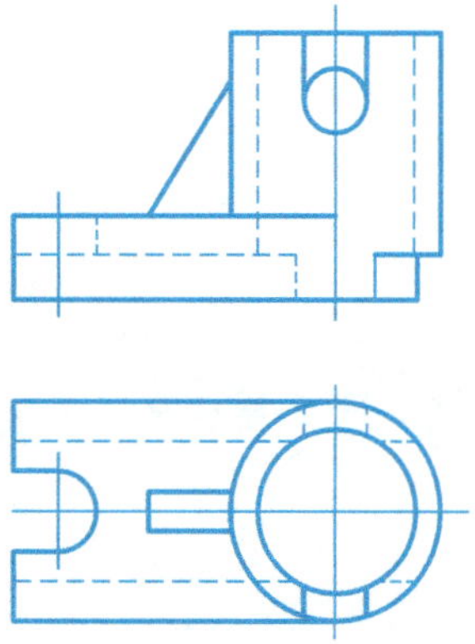

3.

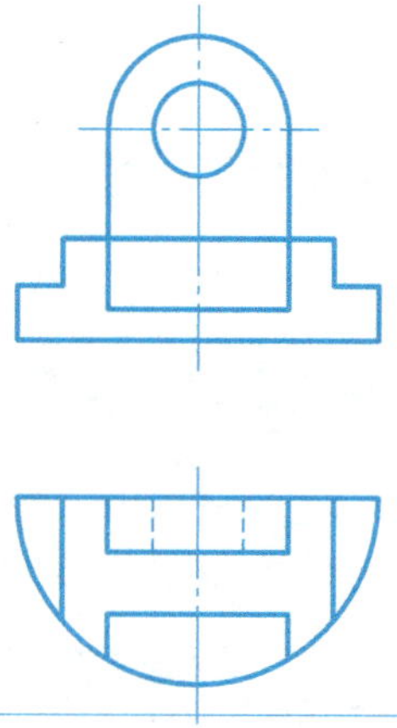

4.

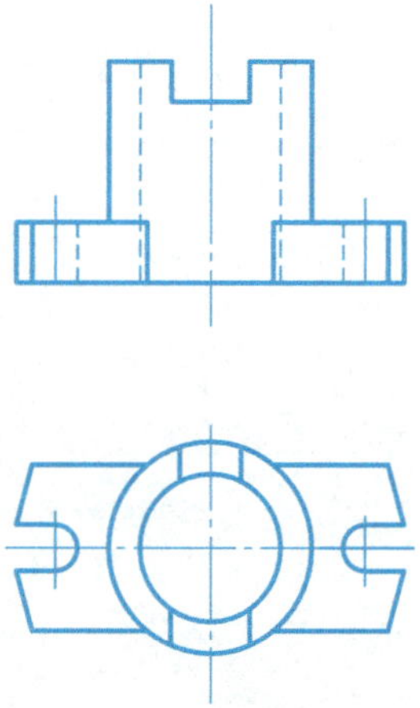

5.

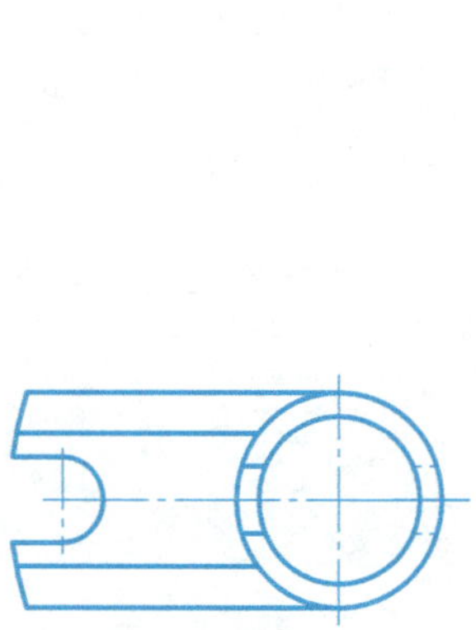

6.

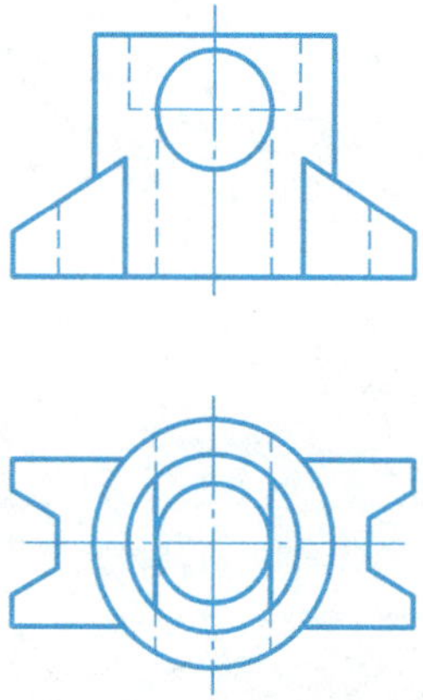

第 2 次制图作业——组合体视图及尺寸标注	班级	姓名	学号

第 2 次制图作业——组合体视图及尺寸标注作业指导

一、图名、图幅及比例

1. 图名：组合体
2. 图幅：A3
3. 比例：自选适当的比例

二、目的、内容及要求

1. 目的：进一步理解空间形体与三视图之间的对应关系，巩固运用形体分析法画组合体的视图及标注尺寸。
2. 内容：任意选择本作业中的一个组合体(轴测图)绘制组合体的三视图，并标注尺寸。
3. 要求：完整地表达组合体的内外形状。标注尺寸要完整、清晰、合理。

三、步骤及注意事项

1. 对所绘组合体进行形体分析，选择主视图，按轴测图所注尺寸布置 3 个视图的位置(注意视图间预留出标注尺寸的位置)，画出各视图的中心线和底面的位置。
2. 逐个画出组合体中各基本形体的三视图(注意表面相切和相贯时的画法)。
3. 标注尺寸时应注意不要照搬轴测图上的尺寸注法，应重新考虑视图上尺寸的配置。保证尺寸标注正确、完整、清晰。
4. 完成底稿，经仔细校核后再用铅笔加深。

1.

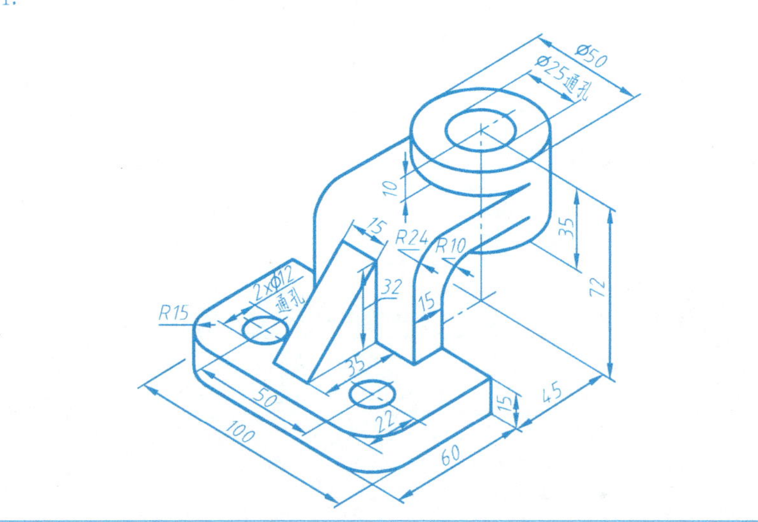

2.

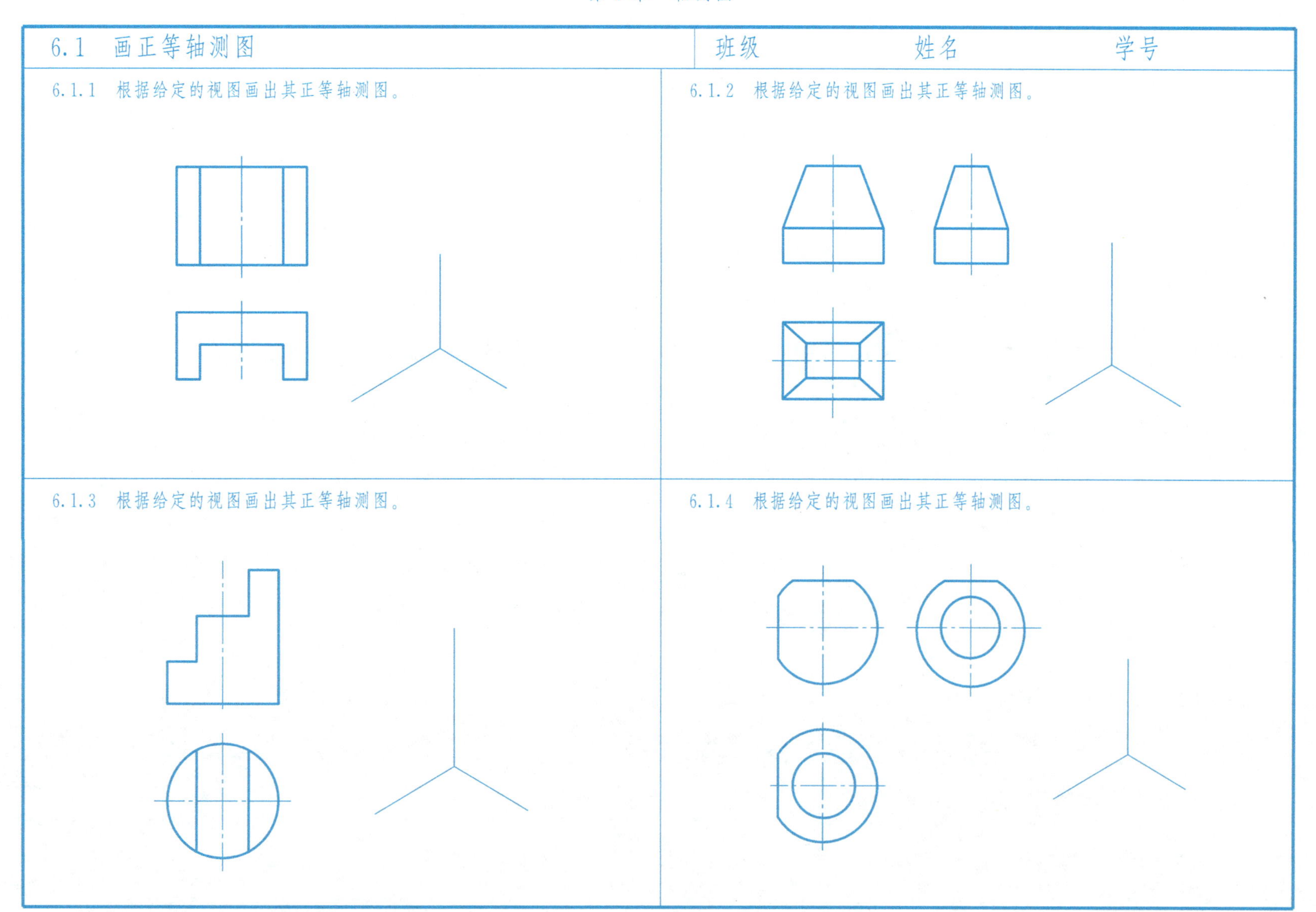

6.1　画正等轴测图

班级　　　　姓名　　　　学号

6.1.1　根据给定的视图画出其正等轴测图。

6.1.2　根据给定的视图画出其正等轴测图。

6.1.3　根据给定的视图画出其正等轴测图。

6.1.4　根据给定的视图画出其正等轴测图。

6.1　画正等轴测图

班级　　　　姓名　　　　学号

6.1.5　根据给定的视图画出其正等轴测图。

6.1.6　根据给定的视图画出其正等轴测图。

6.1.7　根据给定的视图画出其正等轴测图。

6.1.8　根据给定的视图画出其正等轴测图。

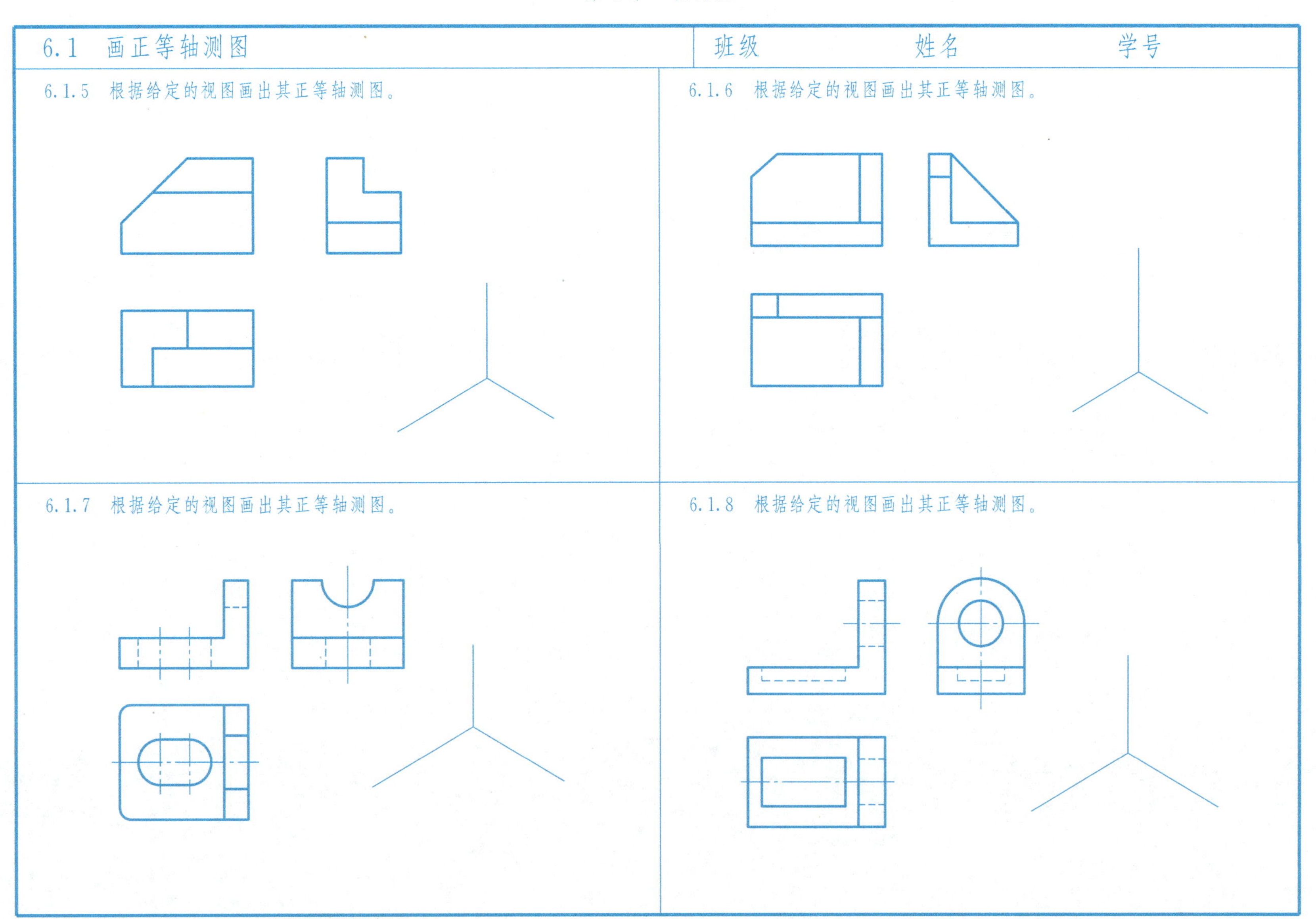

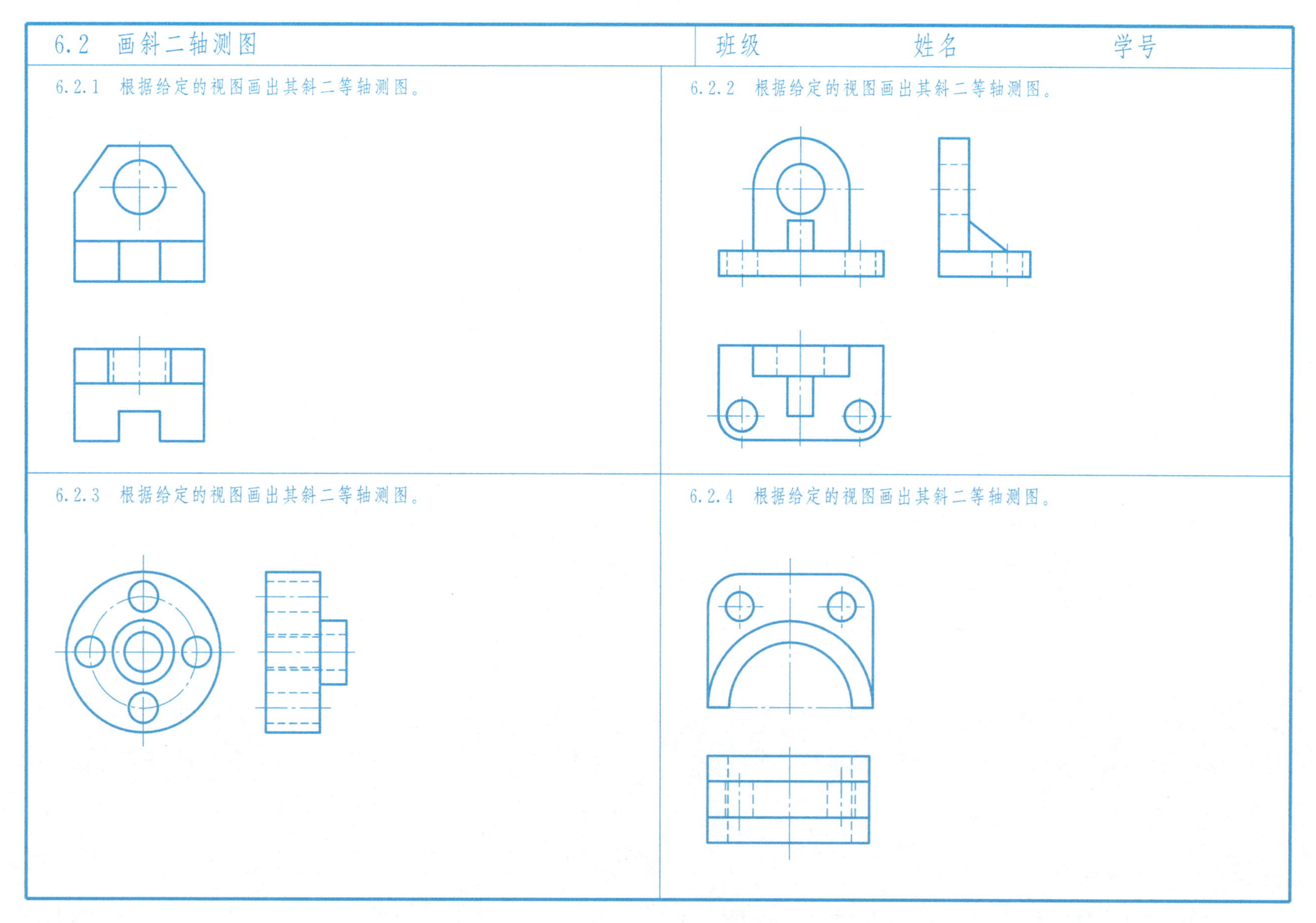
6.2　画斜二轴测图
班级
姓名
学号
6.2.1　根据给定的视图画出其斜二等轴测图。
6.2.2　根据给定的视图画出其斜二等轴测图。
6.2.3　根据给定的视图画出其斜二等轴测图。
6.2.4　根据给定的视图画出其斜二等轴测图。

6.3 徒手画轴测图

班级　　　　姓名　　　　学号

6.3.1 根据给定的视图目测大小徒手画出物体的正等轴测草图。

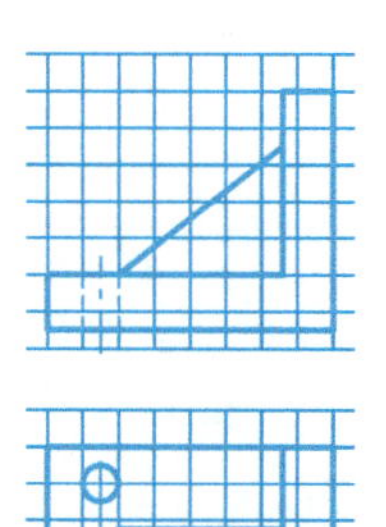

6.3.2 根据给定的视图目测大小徒手画出物体的正等轴测草图。

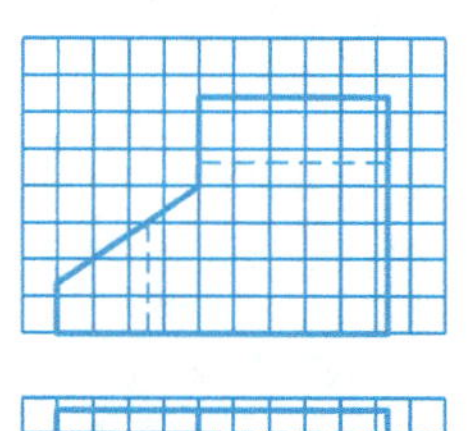

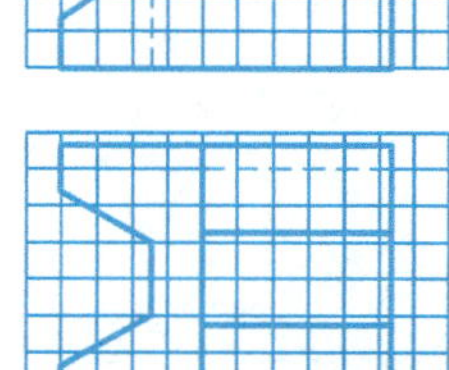

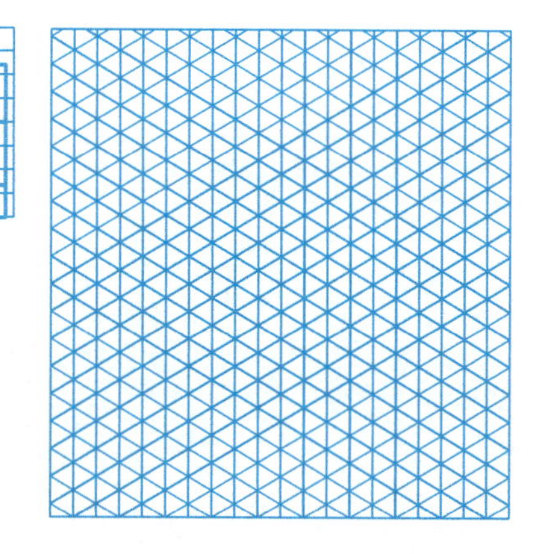

6.3.3 根据给定的视图目测大小徒手画出物体的斜二等轴测草图。

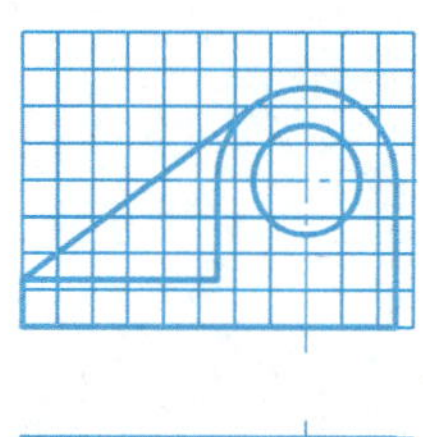

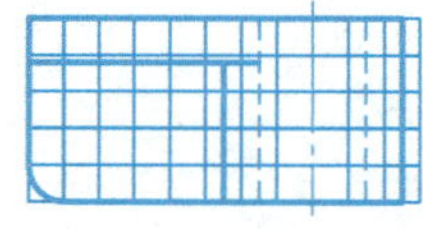

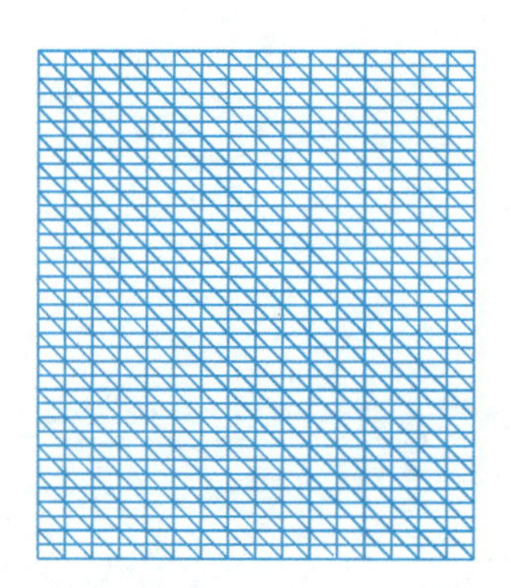

6.3.4 根据给定的视图目测大小徒手画出物体的斜二等轴测草图。

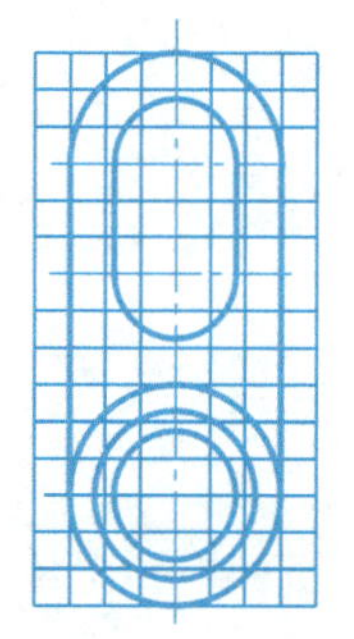

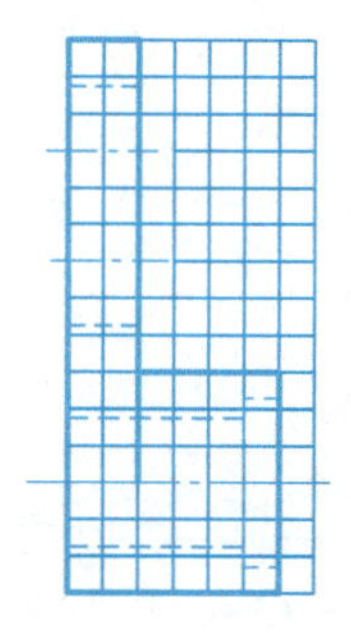

第3次制图作业——轴测图

班级　　　　姓名　　　　学号

作业指导

一、图名、图幅、比例

1. 图名：组合体轴测图
2. 图幅：自选
3. 比例：1∶1

二、目的、内容、要求

1. 目的：进一步理解空间形体与三视图之间的对应关系，进行组合体的看图训练和运用画轴测图的方法绘制组合体轴测图的综合训练。
2. 内容：根据所给的组合体的一组视图绘制其适当的轴测图。
3. 要求：轴测图的轴测关系应正确，正等测或斜二测的椭圆长短轴方向和椭圆形状应正确；不必标注尺寸。

三、步骤及注意事项

1. 建议首先用草稿纸徒手绘制轴测草图，弄清组合体可见部分的表达层次。
2. 按照所给视图和标注的尺寸，确定轴测图所占位置的大小，合理地布置图形，根据视图中选定的坐标轴确定轴测轴的位置。
3. 定准轴测轴，用堆积法、切割法、菱形法、移心法等画法画轴测图，注意表面截切和相贯时的画法。
4. 完成底稿后，经仔细校核，应擦去多余图线，并标记图中椭圆弧的切点位置。经仔细校核后再用铅笔加深，完成全图。

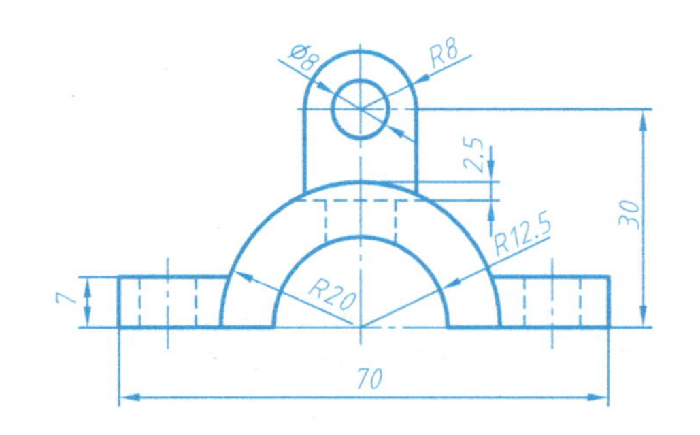

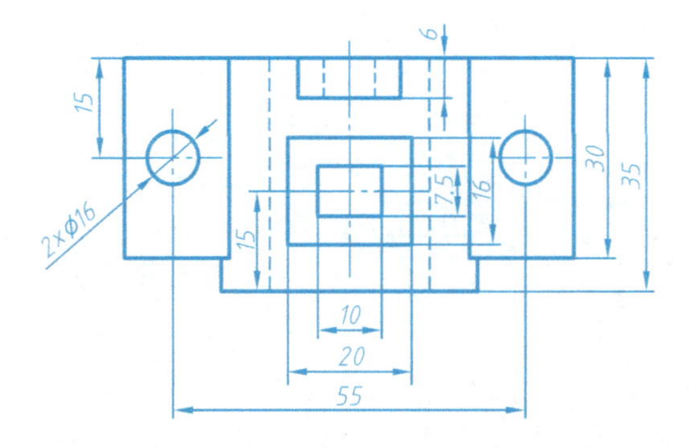

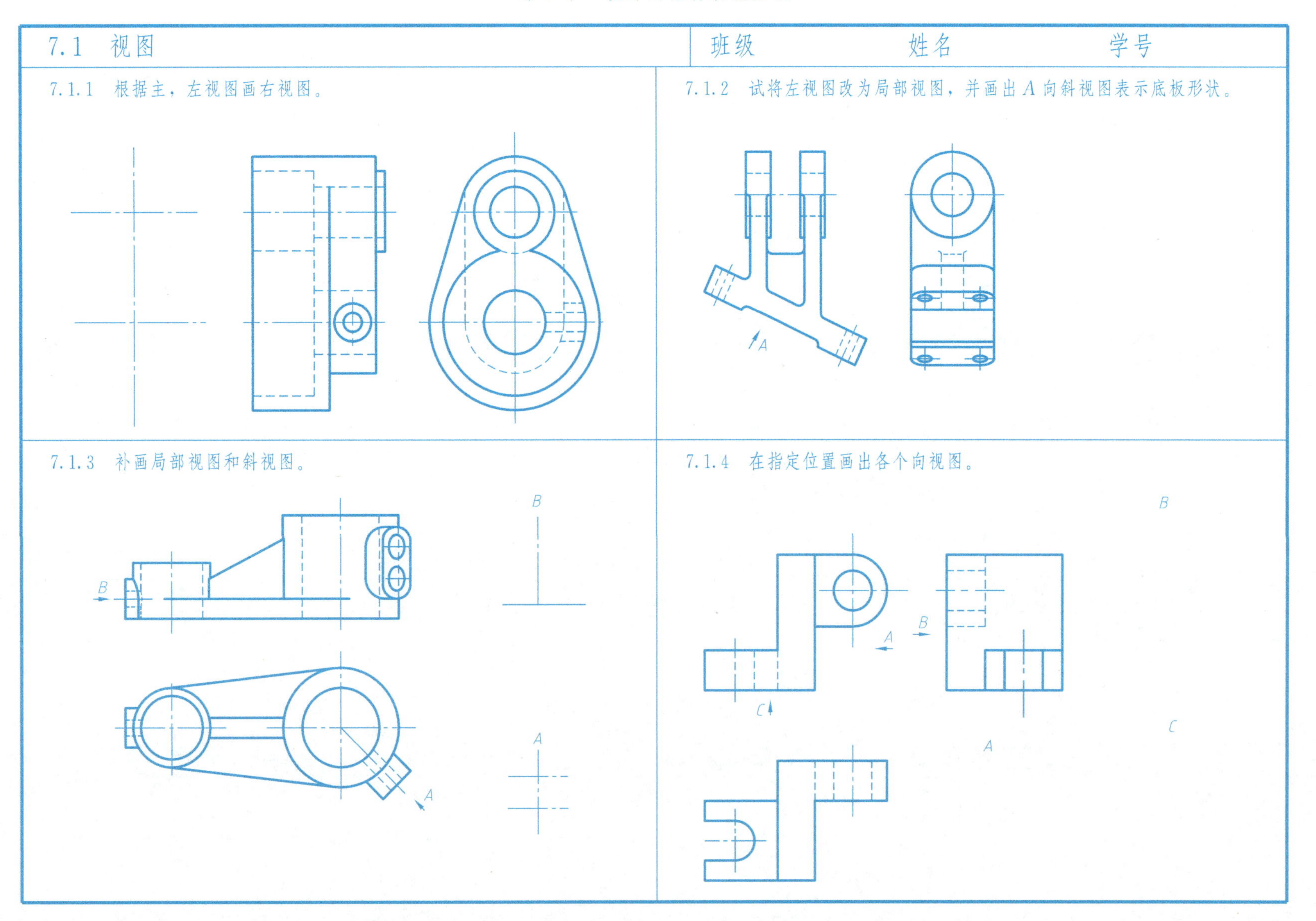
7.1　视图
班级
姓名
学号
7.1.1　根据主，左视图画右视图。
7.1.2　试将左视图改为局部视图，并画出A向斜视图表示底板形状。
A
7.1.3　补画局部视图和斜视图。
B
B
A
A
7.1.4　在指定位置画出各个向视图。
B
A
B
C
C
A

7.2 剖视图	班级	姓名	学号

7.2.1 补全剖视图中所缺的图线，在多余的图线上打“×”号。

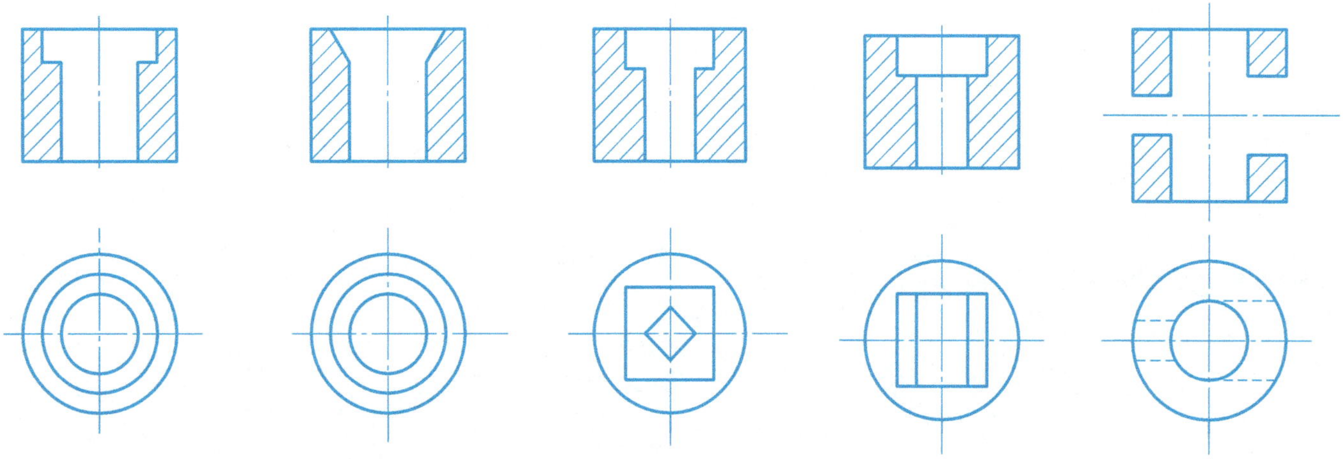

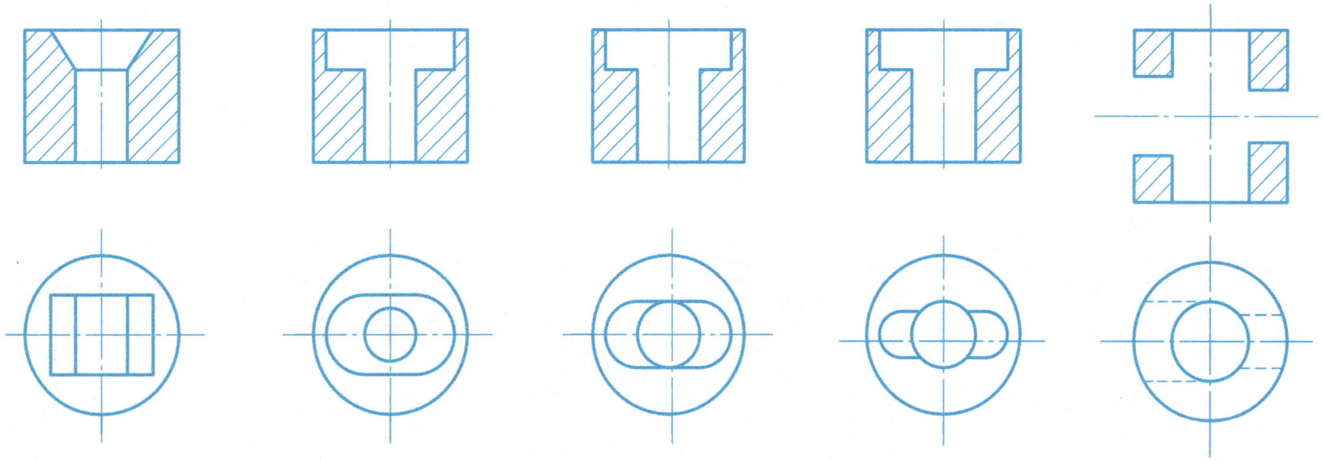

7.2　剖视图	班级	姓名	学号

7.2.2　补画剖视图中所缺的图线。

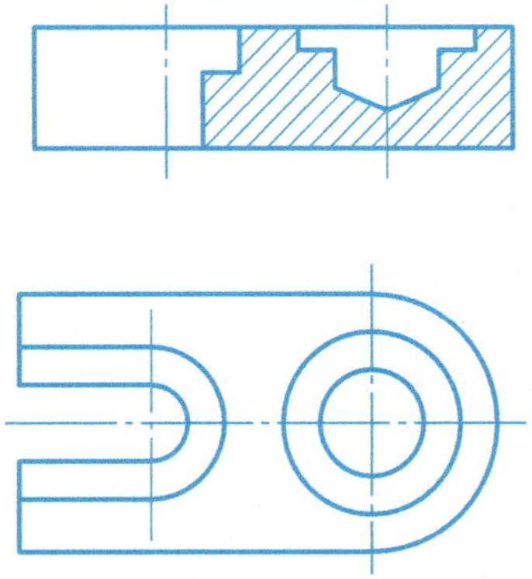

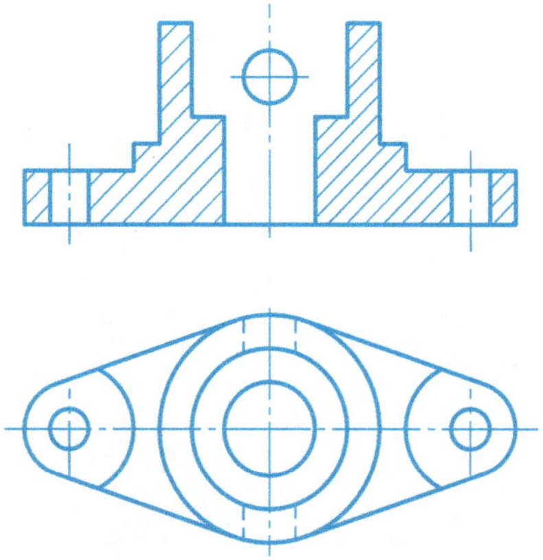

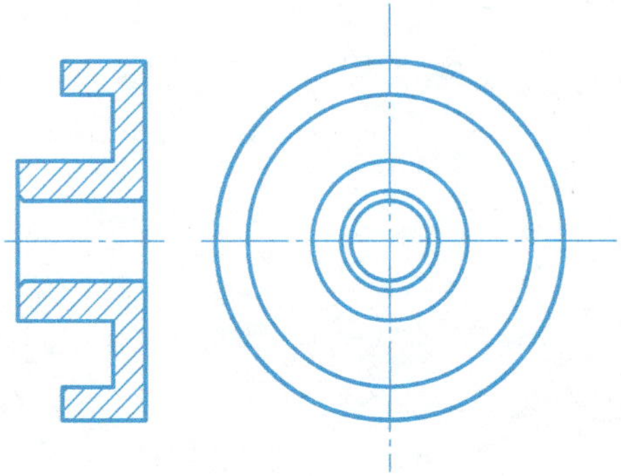

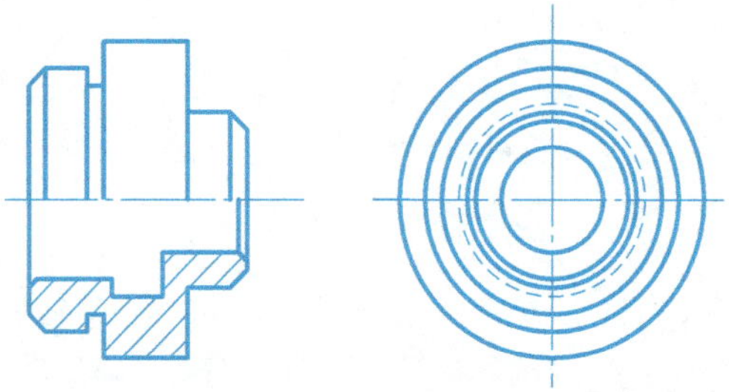

7.2　剖视图

班级　　　　姓名　　　　学号

7.2.3　在指定位置将主视图改画成全剖视图。

7.2.4　在指定位置将主视图改画成全剖视图。

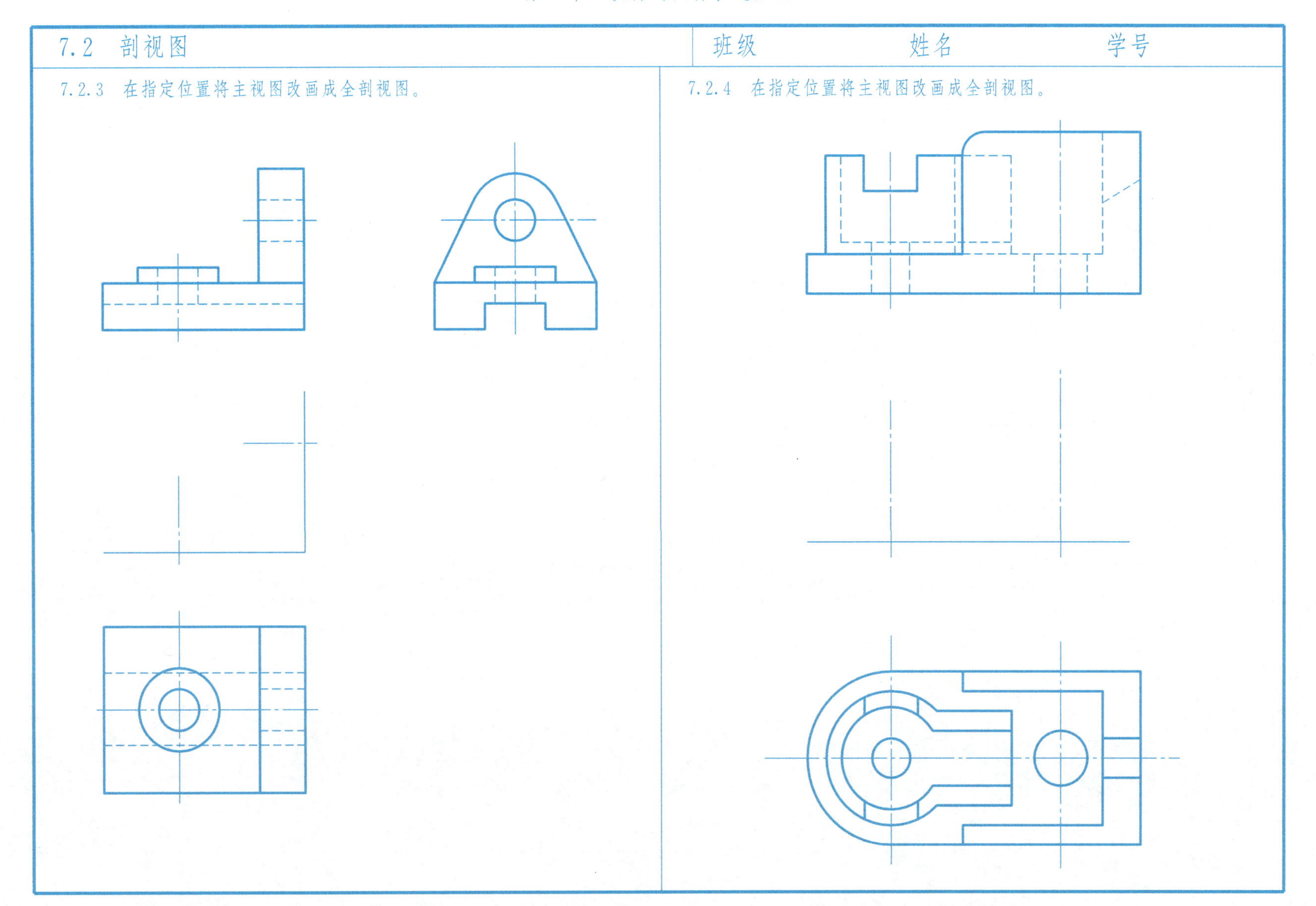

7.2　剖视图

班级　　　　姓名　　　　学号

7.2.5　在指定位置将主视图改画为半剖视图。

7.2.6　将主视图改画为半剖视图，并画出全剖的左视图。

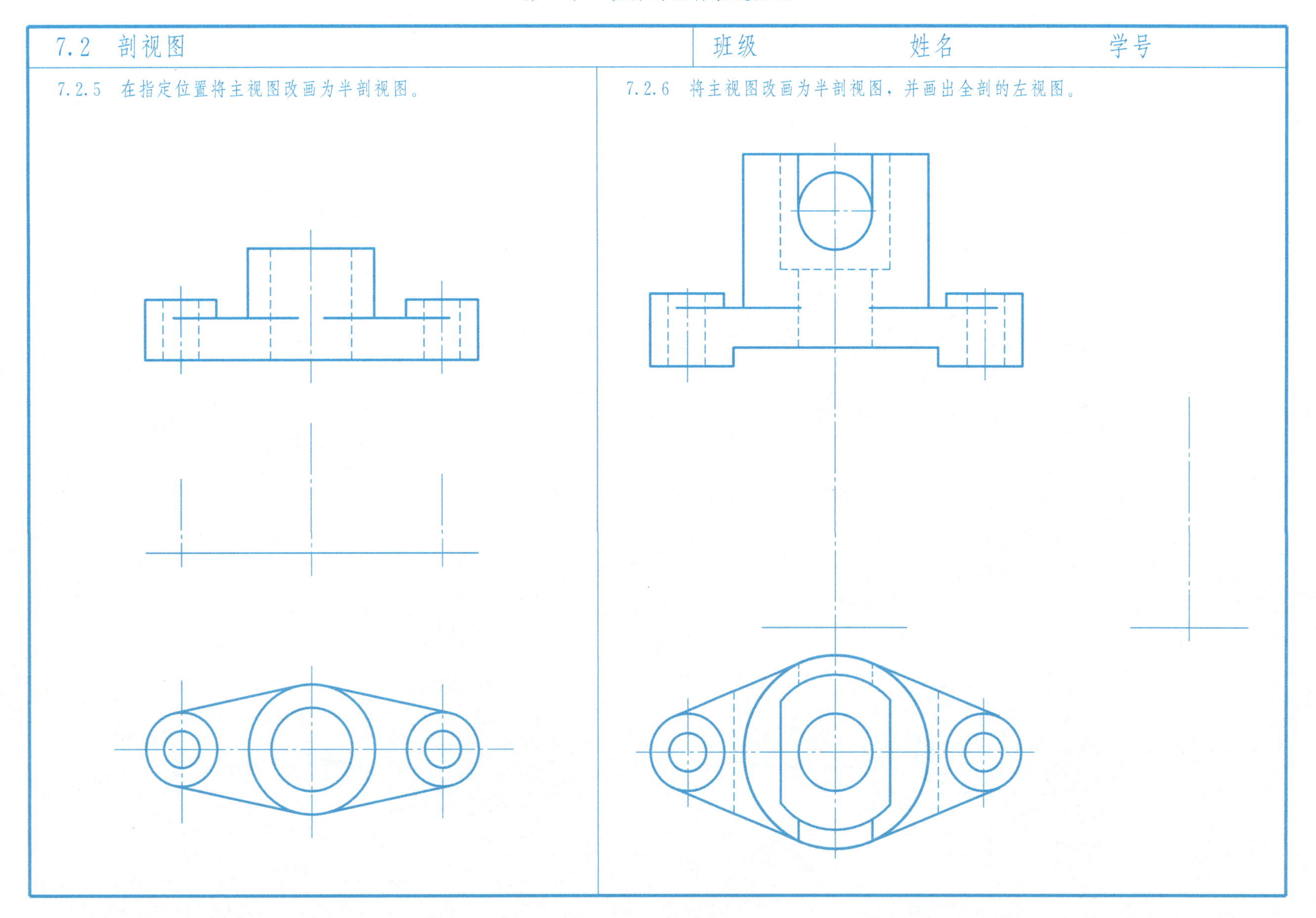

7.2 剖视图	班级	姓名	学号

7.2.7 在下列视图中，选择正确的画法。

(1)

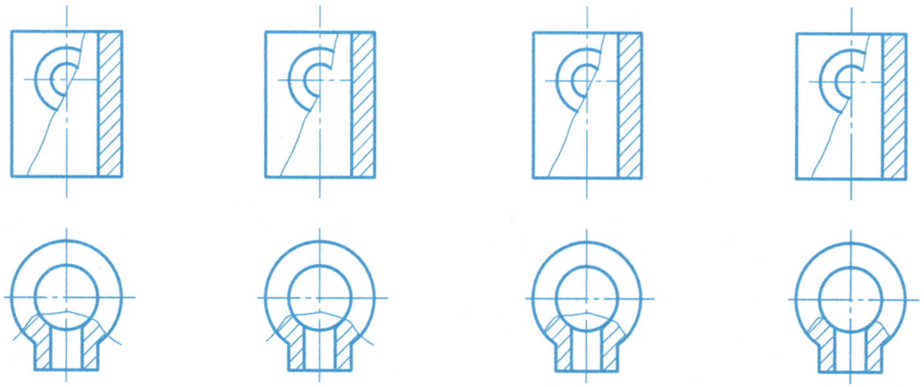

(A) (B) (C) (D)

正确 ______

(2)

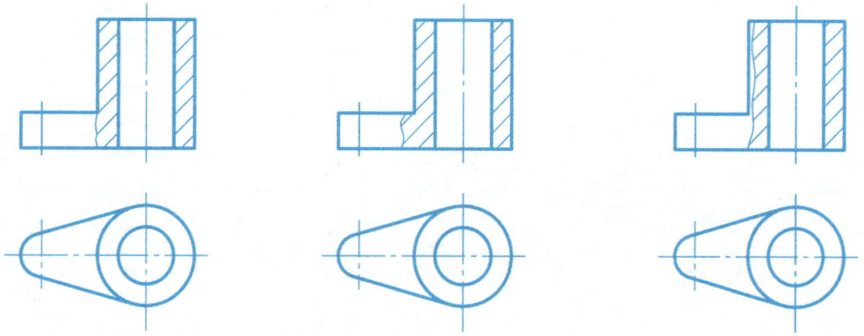

(A) (B) (C)

正确 ______

7.2 剖视图

班级　　　　姓名　　　　学号

7.2.8 做适当的局部剖视图(不要的线打“×”)。

7.2.9 做适当的局部剖视图(不要的线打“×”)。

7.2.10 分析图中的错误，作出正确的剖视图。

7.2.11 在原图上把主视图、俯视图改成局部剖视图。(不要的线打“×”)。

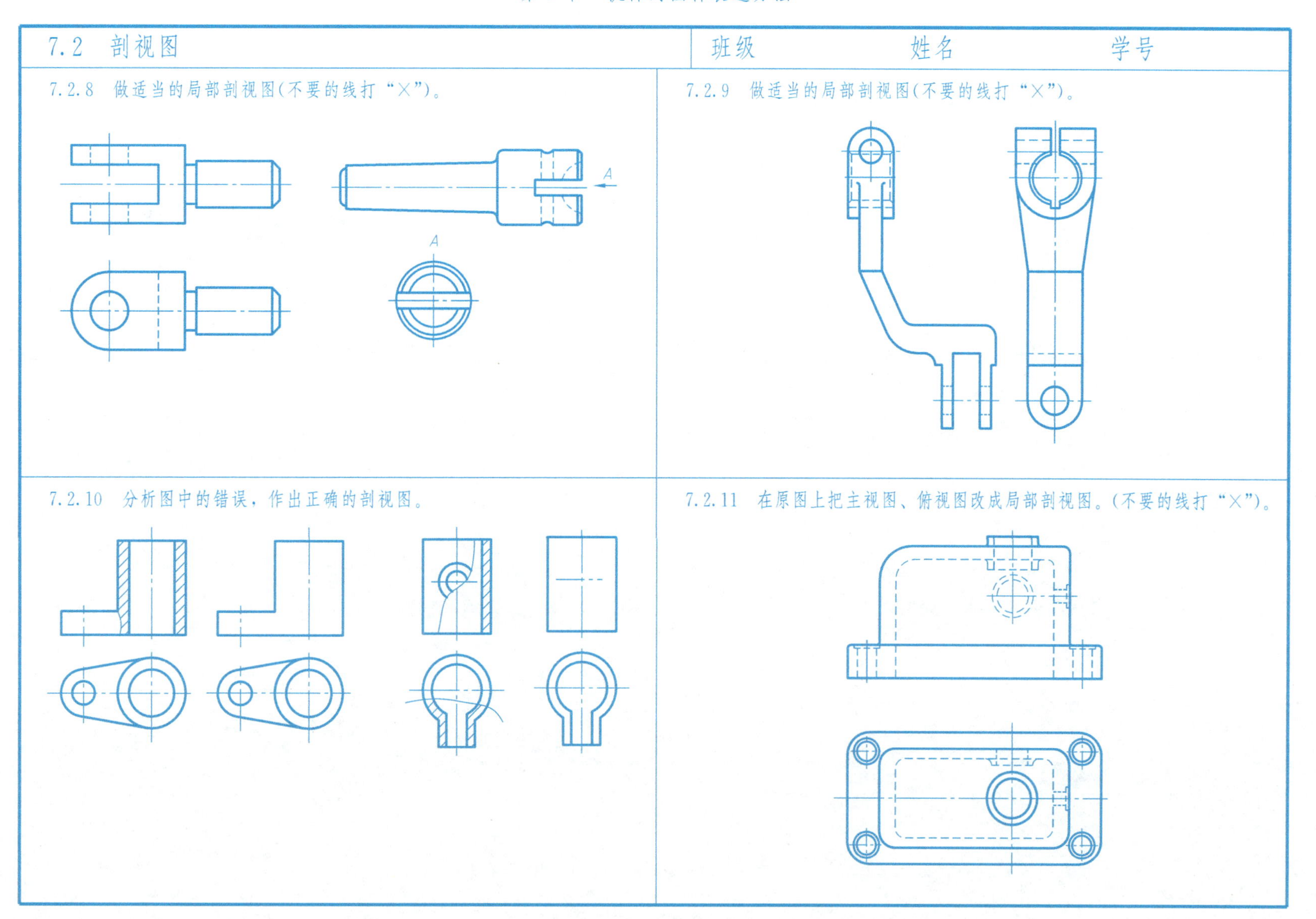

7.2　剖视图
班级
姓名
学号
7.2.12　在指定位置上用阶梯剖将主视图改画成全剖视图，并标注。
A
A
7.2.14　在指定位置用旋转剖把主视图改画成全剖视图。
A
A
A
7.2.13　作出A—A斜剖视图。
A
A
7.2.15　在指定位置用旋转剖把主视图改画成全剖视图。
A
A
A

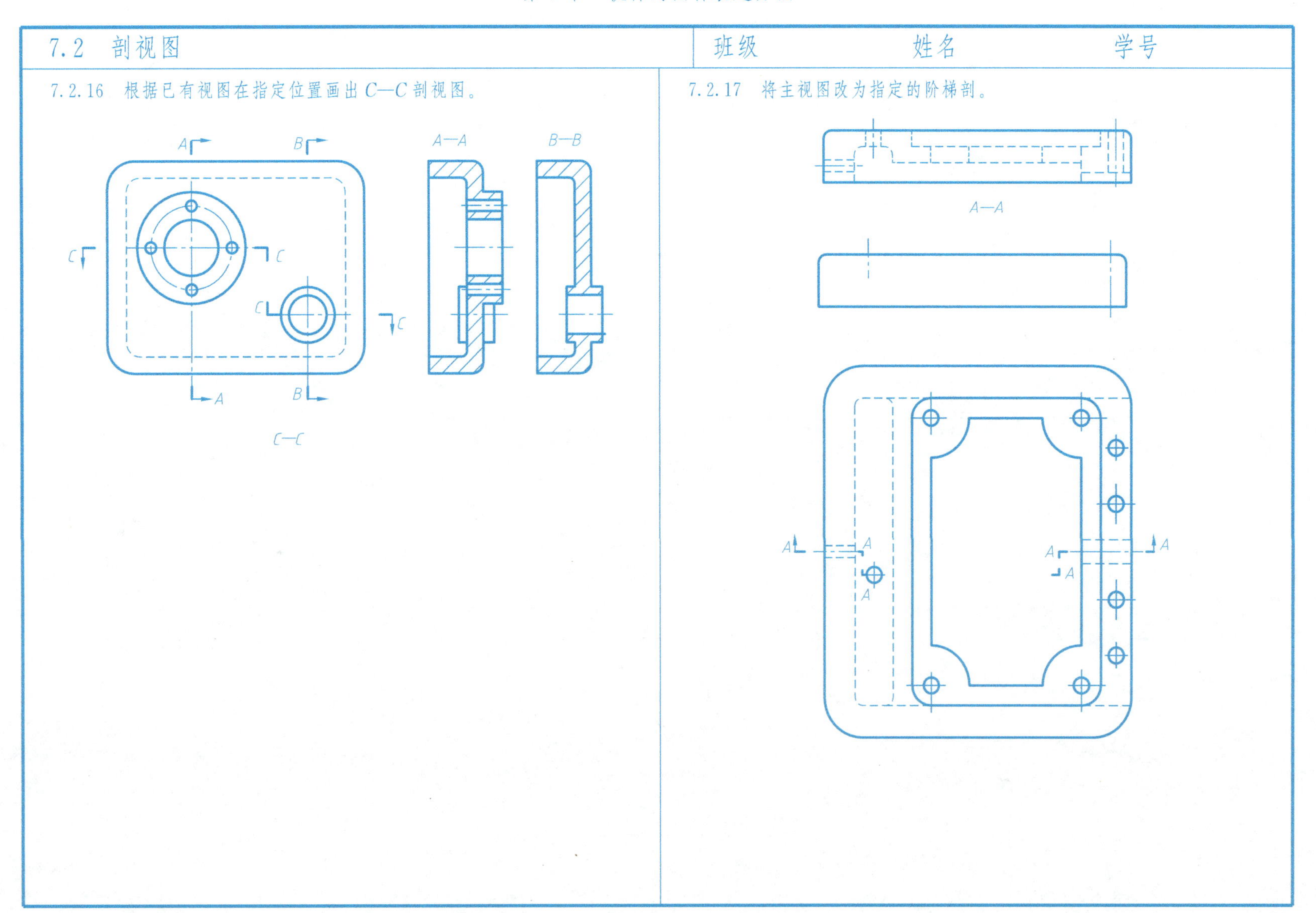
7.2　剖视图
班级
姓名
学号
7.2.16　根据已有视图在指定位置画出 C—C 剖视图。
A—A
B—B
A
B
C
C
C
C
A
B
C—C
7.2.17　将主视图改为指定的阶梯剖。
A—A
A
A
A
A
A
A
A
A

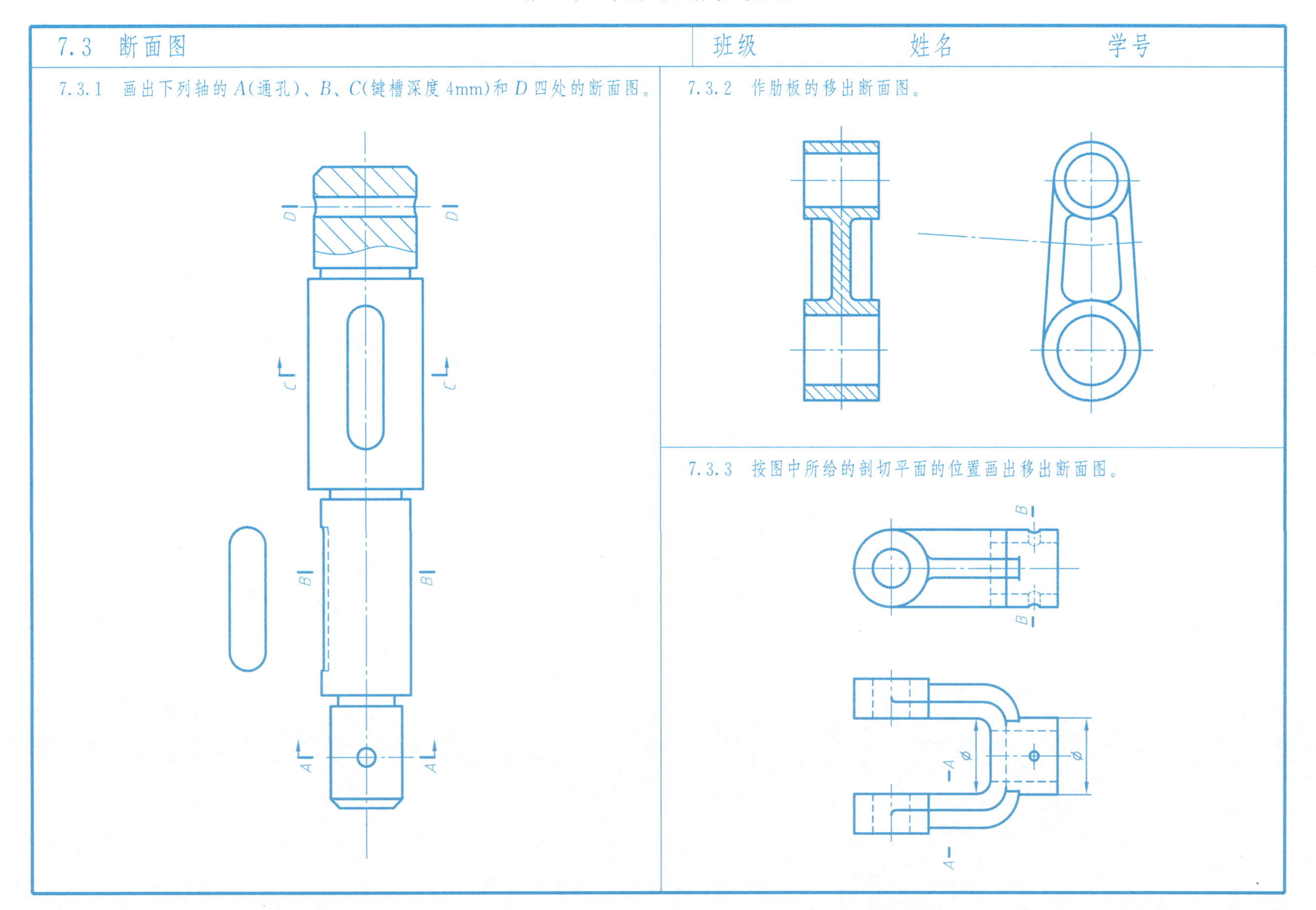
7.3　断面图
班级
姓名
学号
7.3.1　画出下列轴的 A(通孔)、B、C(键槽深度 4mm)和 D 四处的断面图。
D
D
C
C
B
B
A
A
7.3.2　作肋板的移出断面图。
7.3.3　按图中所给的剖切平面的位置画出移出断面图。
B
B
A
A
ø
ø

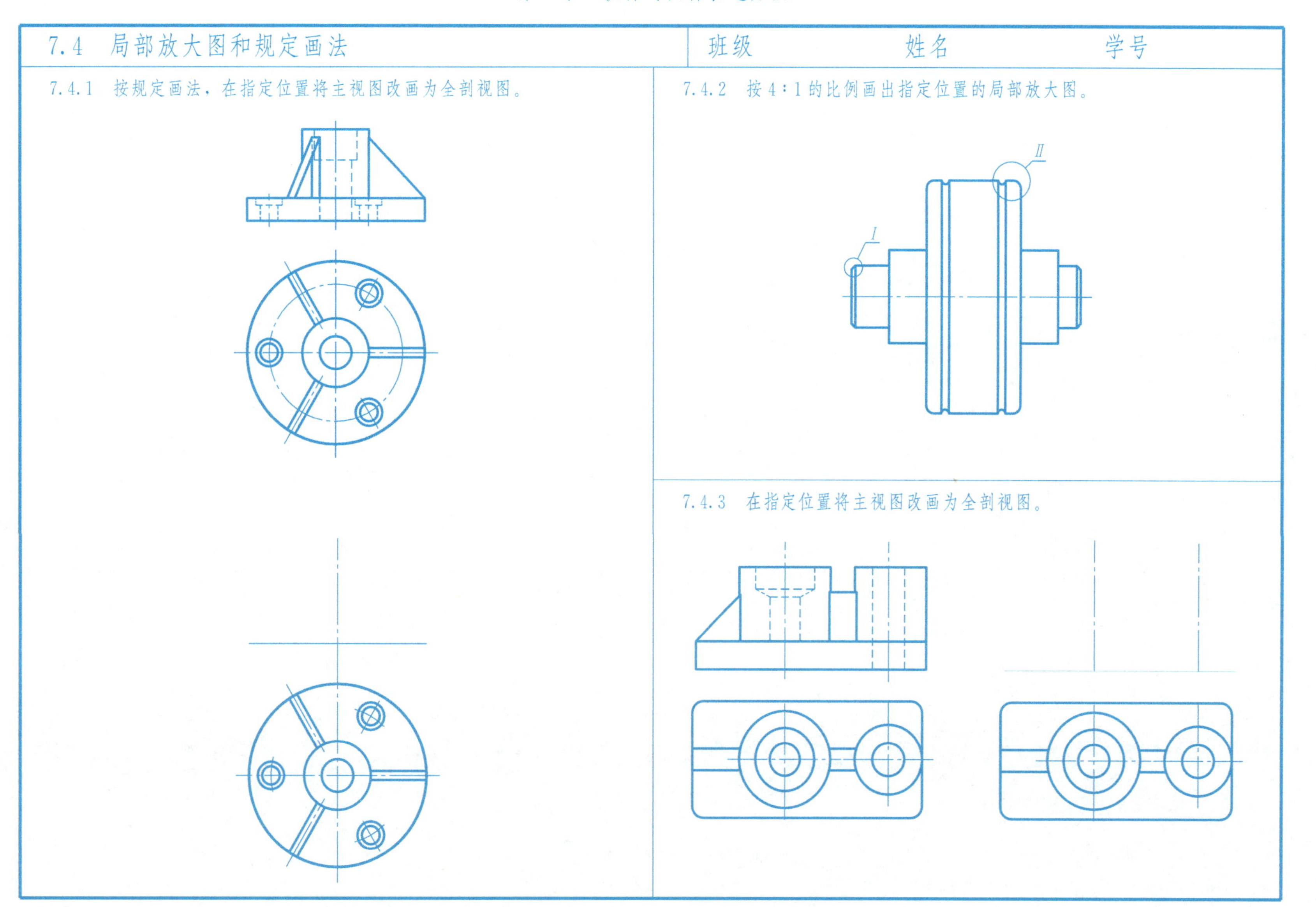
7.4　局部放大图和规定画法
班级
姓名
学号
7.4.1　按规定画法，在指定位置将主视图改画为全剖视图。
7.4.2　按 4∶1 的比例画出指定位置的局部放大图。
II
I
7.4.3　在指定位置将主视图改画为全剖视图。

7.5　图样的机件表达方法综合应用

班级　　　　姓名　　　　学号

7.5.1　读懂所绘的图形，标出相应的标记和图名并指出采用了何种表达方法。

7.5.2　根据所给视图画出机件的 C—C 全剖主视图。

7.5.3　将机件的三视图改画成适当的剖视图。

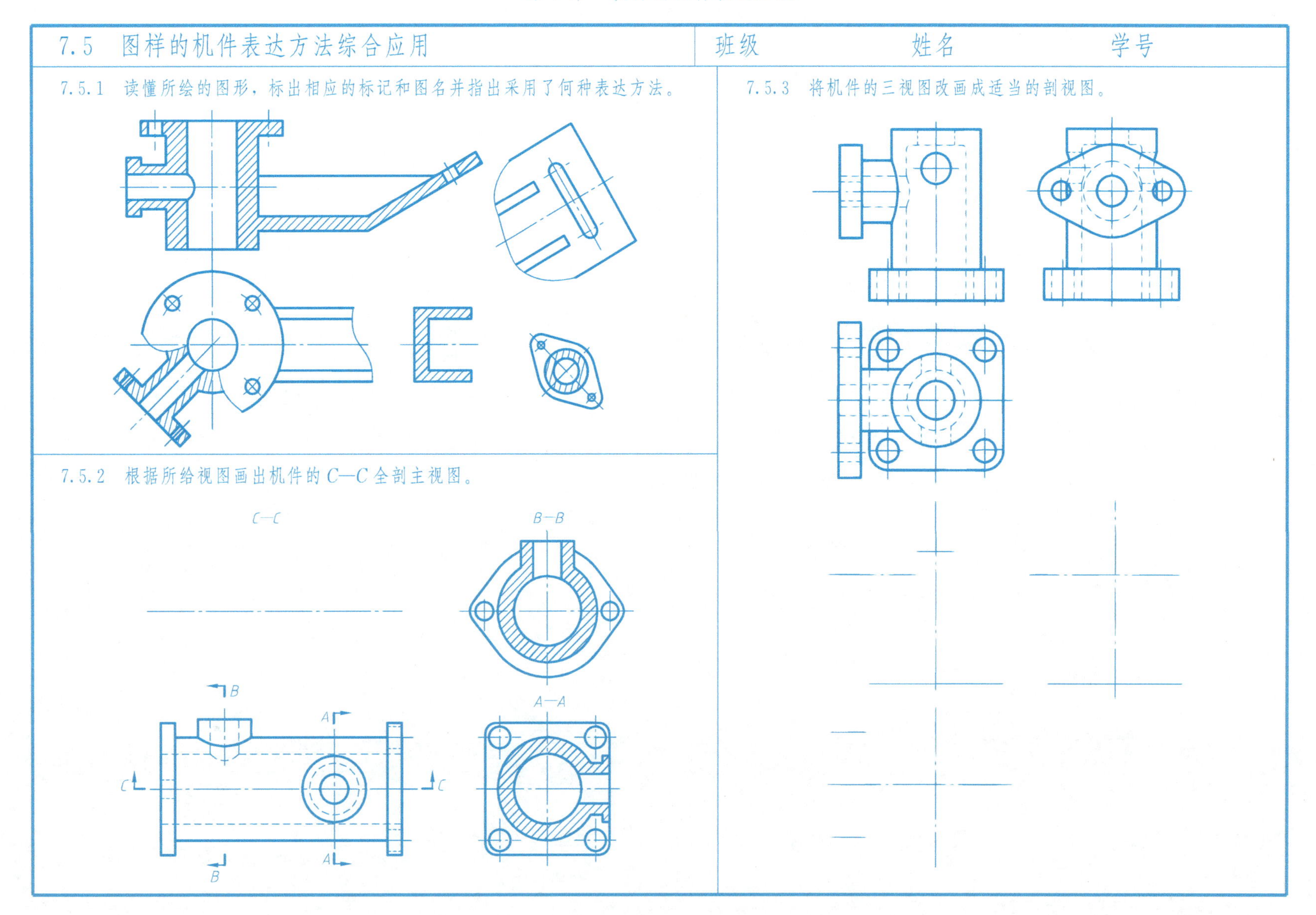

第四次制图作业——机件的图样表达方法	班级	姓名	学号

作业指导

一、图名、图幅及比例

1. 图名：剖视图

2. 图幅：1∶1

3. 比例：采用适当比例

二、目的、内容及要求

1. 目的、内容：根据所给机件的视图，按需要改画成剖视图、断面图和其他视图。

2. 要求：对机件选择恰当的表达方案，将机件的内外结构表达清楚。

三、步骤及注意事项

1. 对所给视图进行形体分析，在此基础上选择表达方案。

2. 根据规定的图幅和比例，合理布置各视图的位置。

3. 逐步画出各视图，画图时要按需要将视图改画成适当的剖视图(如有需要还应该画出断面图和其他视图)，并调整各部分尺寸，完成底稿。

4. 仔细校核后再用铅笔加深。

1.

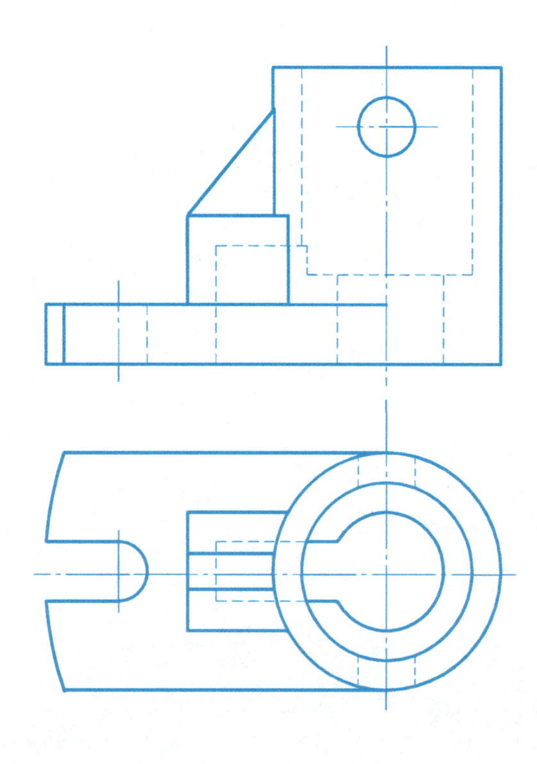

第四次制图作业——机件的图样表达方法	班级	姓名	学号

作业指导

一、图名、图幅、比例

1. 图名：机件的表达

2. 图幅：A3

3. 比例：采用适当比例

二、目的、内容、要求

1. 目的、内容：根据所给机件的视图，按需要改画成剖视图、断面图和其他视图。

2. 要求：对指定的机件选择恰当的表达方案，将机件的内外形状表达清楚。

三、步骤及注意事项

1. 对所给视图进行形体分析，在此基础上选择表达方案。

2. 根据规定的图幅和比例，合理布置各视图的位置。

3. 逐步画出各视图。画图时要按需要将视图改画成适当的剖视图(如有需要则还应画出断面图和其他视图)，并调整各部分尺寸，完成底稿。

4. 仔细校核后再用铅笔加深。

2.

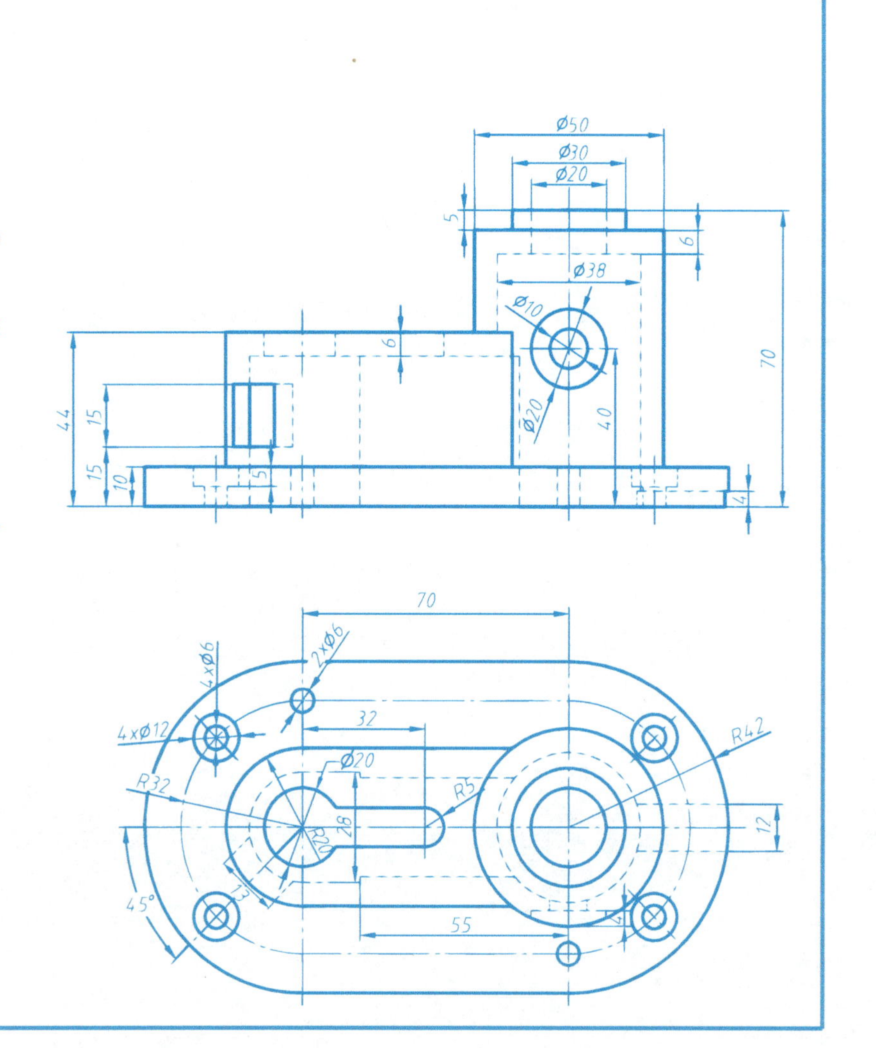

7.6　第三角画法简介

班级　　　　姓名　　　　学号

7.6.1　根据轴测图画出第三角画法的三视图。

7.6.2　根据第三角画法的两视图补画第三视图。

7.6.3　根据轴测图画出第三角画法的三视图。

7.6.4　根据第三角画法的两视图补画第三视图。

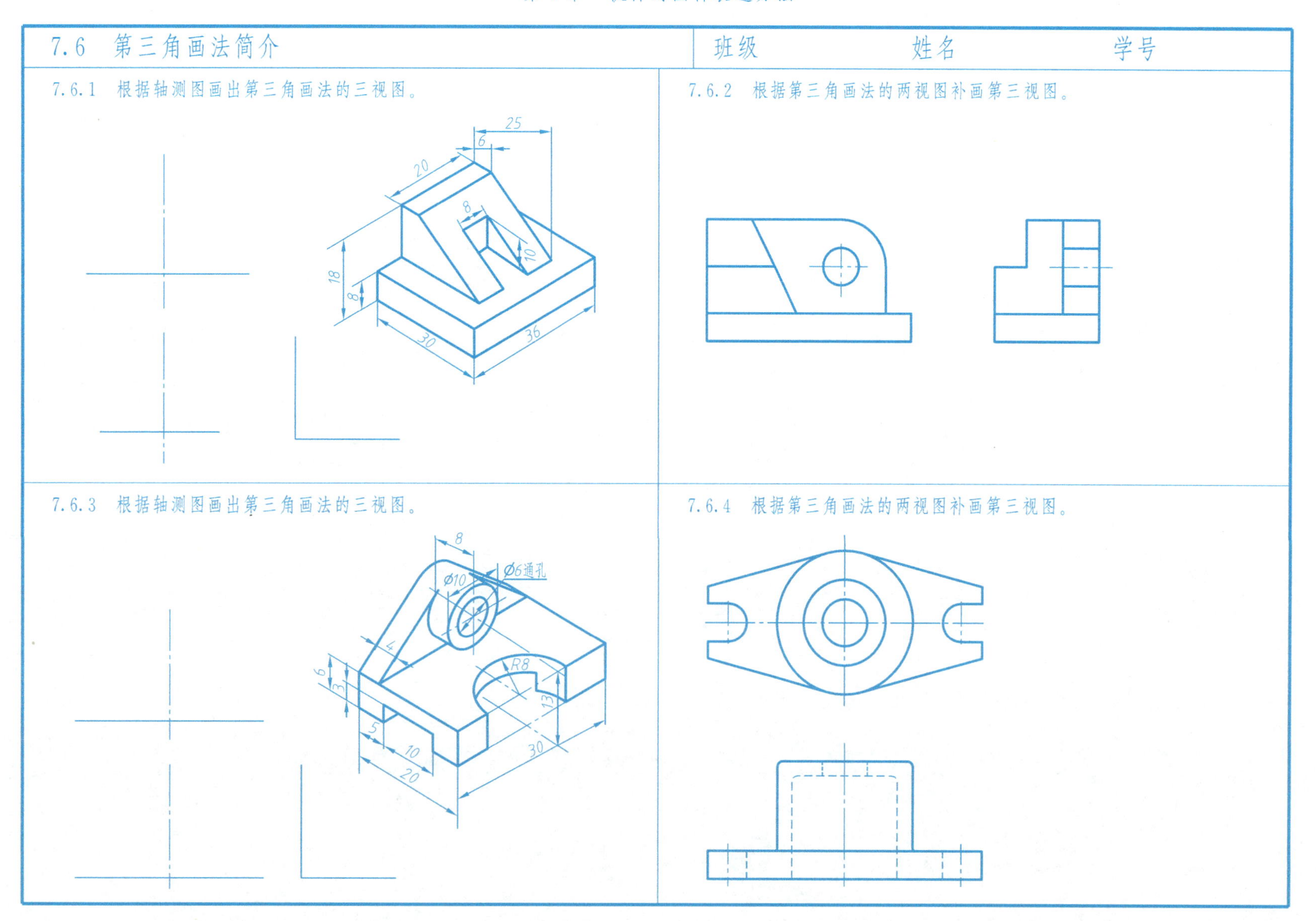

8.1 螺纹的规定画法和标注

8.1 螺纹的规定画法和标注	班级	姓名	学号

8.1.1 根据给定条件，在图上注出螺纹的标记。

(1) 标注该粗牙普通螺纹，大径 20mm，螺距 2.5mm，右旋，公差带代号 5g6g。

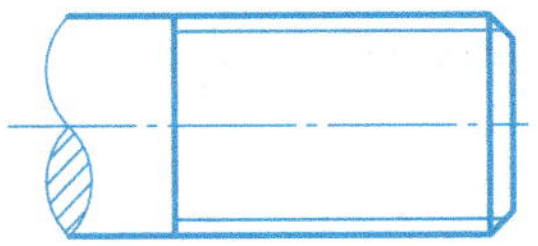

(2) 标注该细牙普通螺纹，大径 10mm，螺距 1.5mm，左旋，公差带代号 7H。

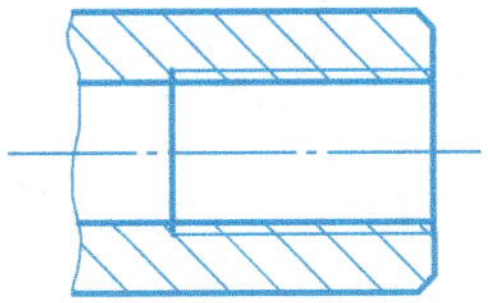

(3) 标注该非螺纹密封的管螺纹，尺寸代号为 1/2，右旋，公差等级为 A 级。

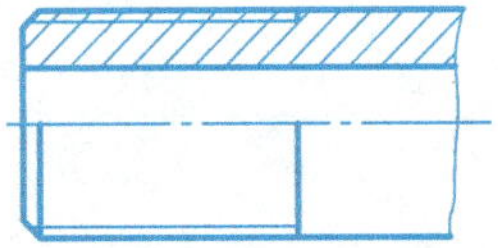

8.1.2 根据图中螺纹标记，填空说明螺纹各个要素。

(1)

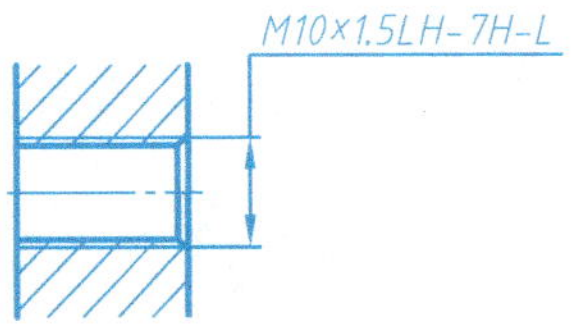

M10×1.5LH-7H-L

该螺纹为(　　)螺纹；
公称直径为(　　)；
螺距为(　　)；
线数为(　　)；
旋向为(　　)；
7H 为(　　)；
L 为(　　)。

(2)

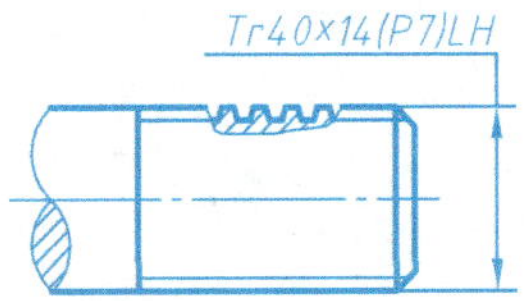

Tr40×14(P7)LH

该螺纹为(　　)螺纹；
公称直径为(　　)；
螺距为(　　)；
线数为(　　)；
旋向为(　　)；
7H 为(　　)；
L 为(　　)。

(3)

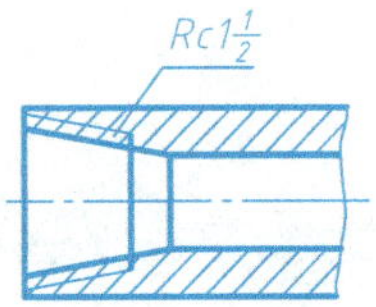

Rc$1\frac{1}{2}$

该螺纹为(　　)螺纹；
$1\frac{1}{2}$是指(　　)；
螺距为(　　)；
旋向为(　　)。

8.1　螺纹的规定画法和标注　　班级　　姓名　　学号

8.1.3　分析图中错误，在指定位置画出正确的图形。

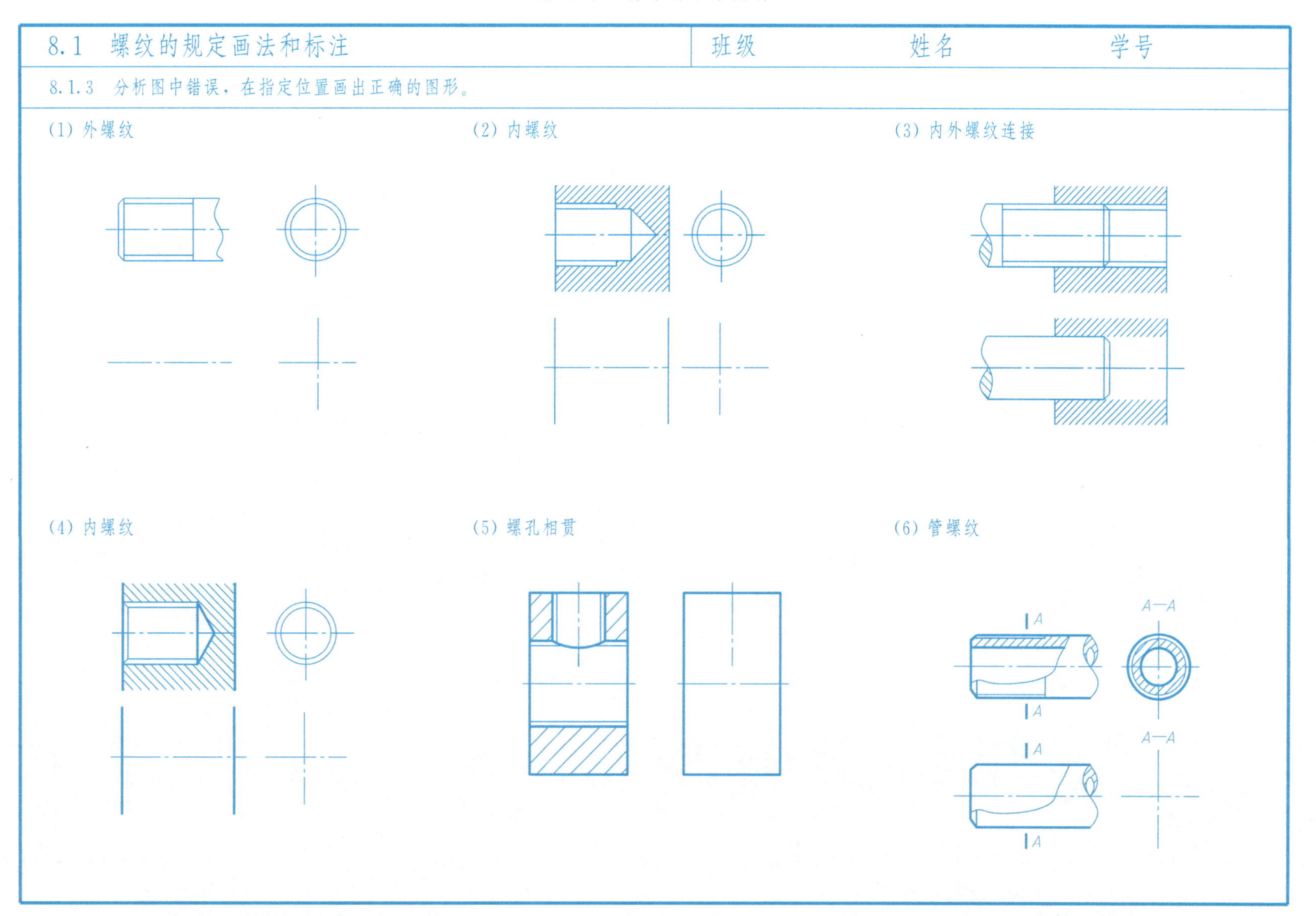

8.2 螺纹紧固件及其连接的画法

班级 ____ 姓名 ____ 学号 ____

8.2.1 查表标注下列各连接件的尺寸，并写出规定标记。

(1) 六角头螺栓-C级(GB/T 5782—2000)

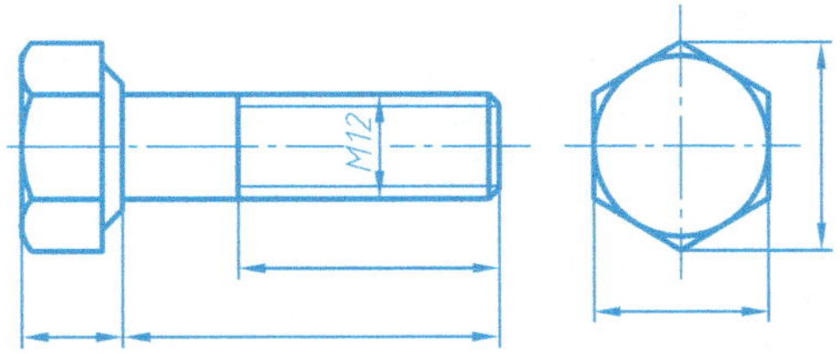

规定标记：____________

(2) B型双头螺柱，bm=1.25d(GB/T 898—1988)

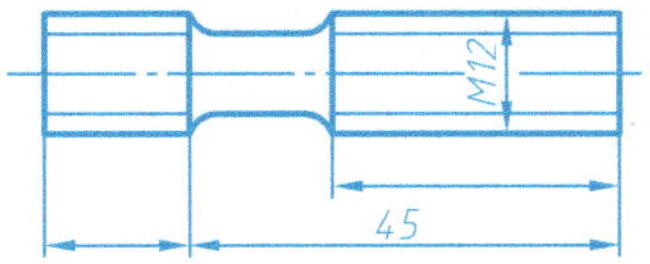

规定标记：____________

(3) 螺钉(GB/T 65—2000)，$d=8$，$L=40$

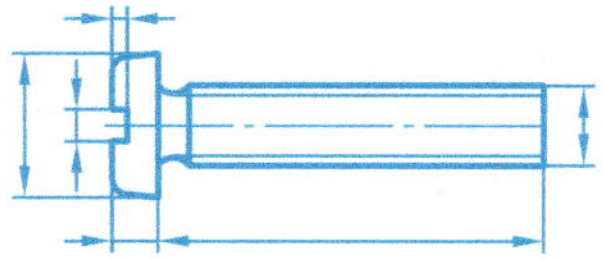

规定标记：____________

(4) Ⅰ型六角螺母-A级(GB/T 6170—2000)

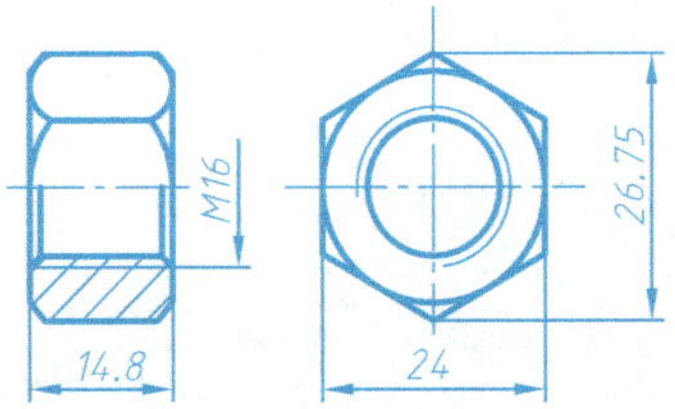

规定标记：____________

(5) 开槽长圆柱端紧定螺钉，规格如下图所示

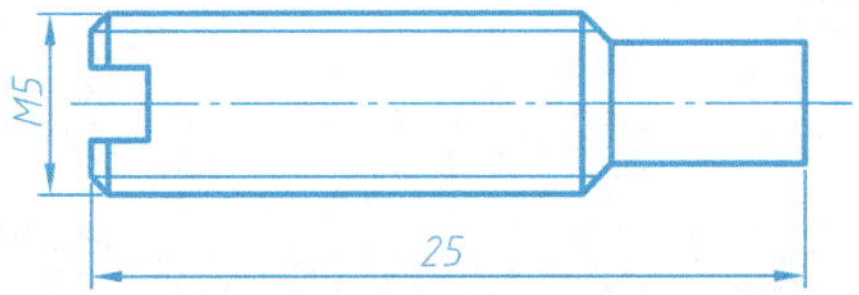

规定标记：____________

(6) 标准型弹簧垫圈，规格为20。

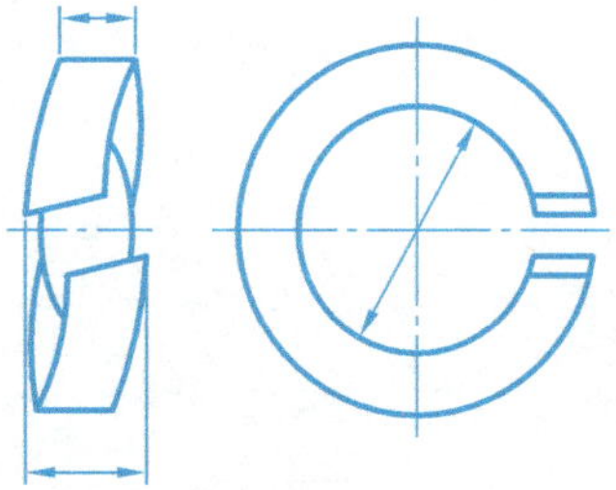

规定标记：____________

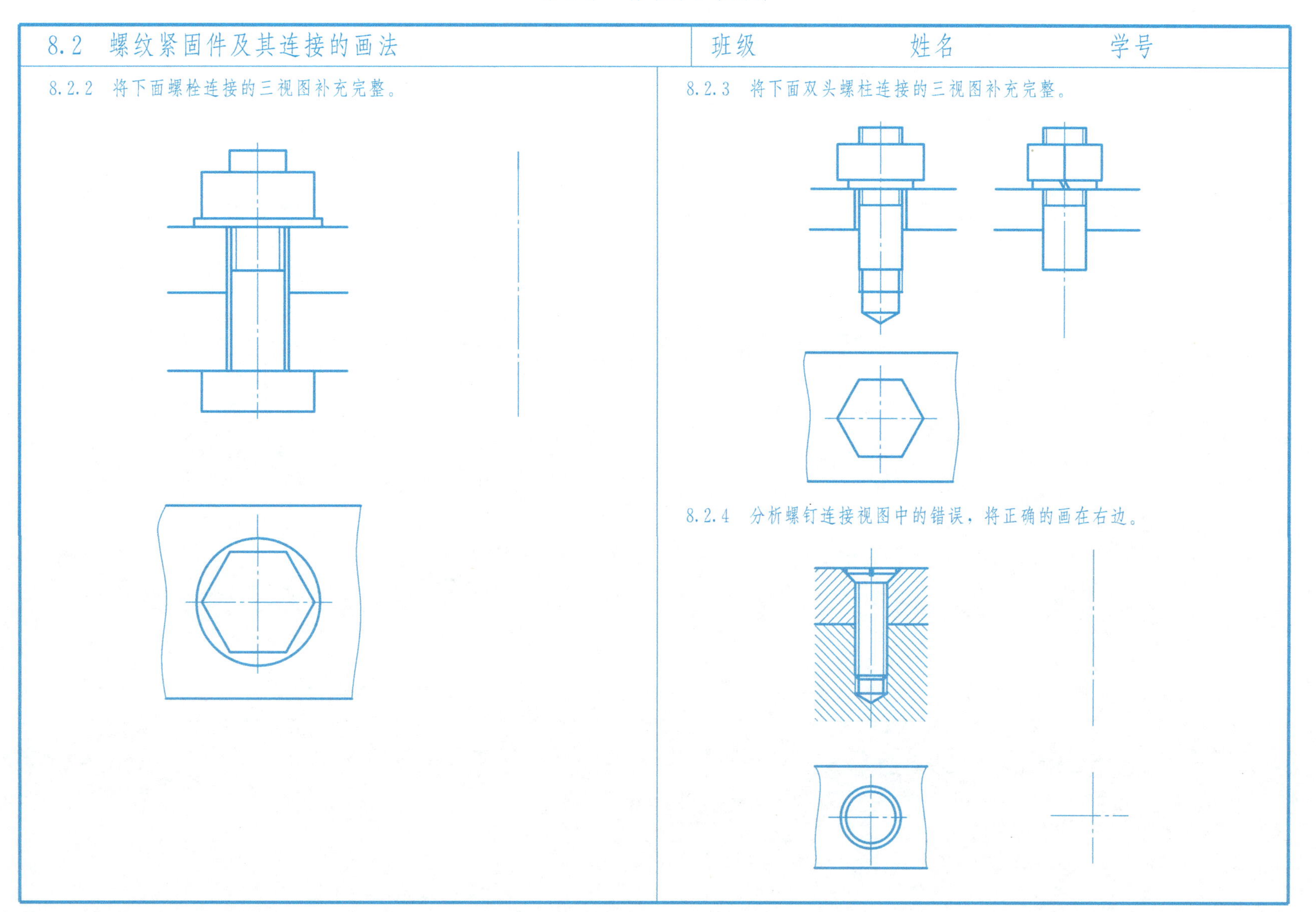
8.2　螺纹紧固件及其连接的画法
班级
姓名
学号
8.2.2　将下面螺栓连接的三视图补充完整。
8.2.3　将下面双头螺柱连接的三视图补充完整。
8.2.4　分析螺钉连接视图中的错误，将正确的画在右边。

8.2　螺纹紧固件及其连接	班级	姓名	学号

8.2.5　根据已知尺寸，用 A3 图纸按 1∶1 比例将下列螺栓连接的两视图补画完整(未注圆角 R5)。

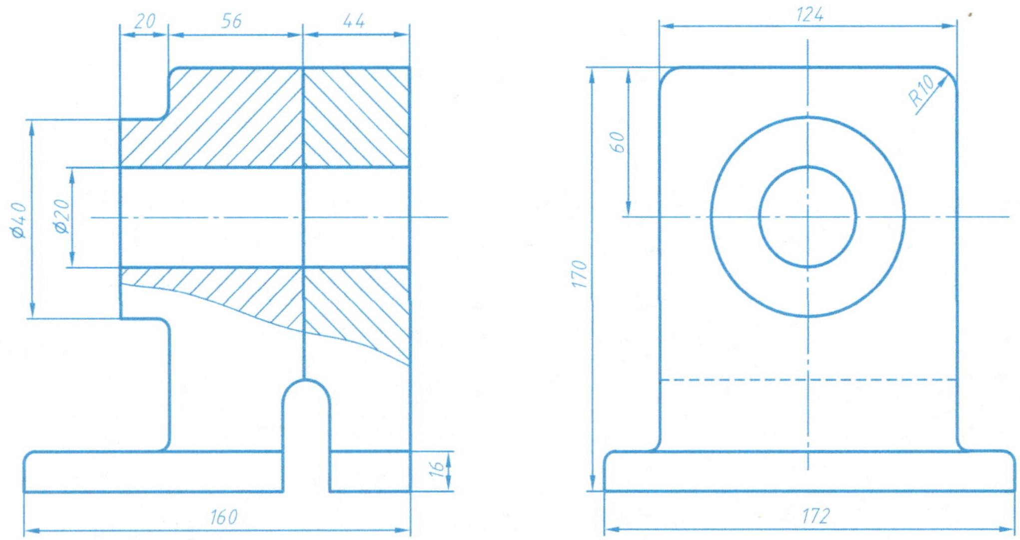

8.2　螺纹紧固件及其连接	班级	姓名	学号

8.2.6　根据已知尺寸，用 A3 图纸按 1∶1 比例将下列螺柱连接的两视图补画完整(未注圆角 R3)。

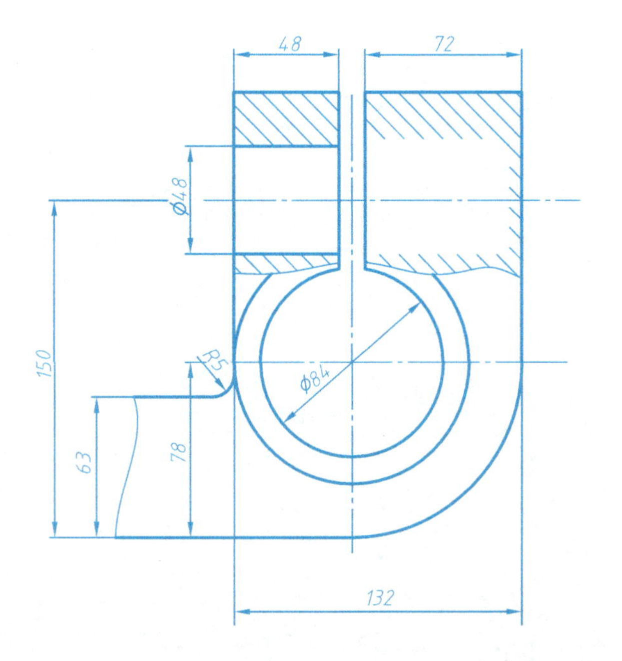

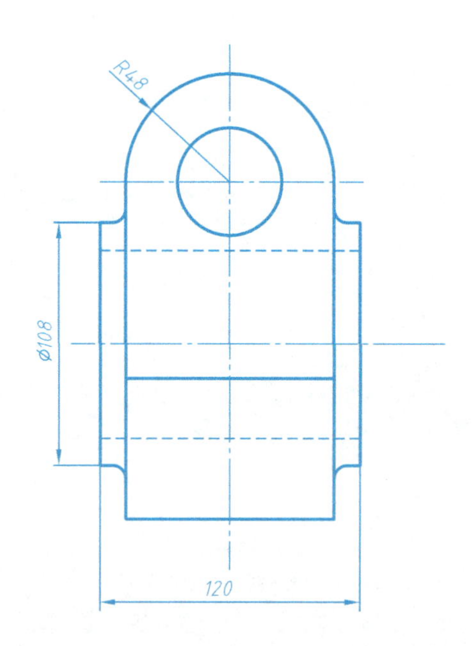

8.3 齿轮

班级　　　　　姓名　　　　　学号

8.3.1 已知直齿圆柱齿轮 $m=4\text{mm}$，齿数 $z=40$，结构尺寸如图所示，计算齿轮分度圆、齿顶圆和齿根圆的直径，将计算公式写在下面空白处，并按比例 1∶2 完成下列两视图(轮齿倒角 C2)，尺寸按照图中给出尺寸换算比例。

8.3.2 已知大齿轮的模数 $m=4$，齿数 $z=40$，两齿轮的中心距 $a=120\text{mm}$，试计算大小齿轮的分度圆、齿顶圆和齿根圆的直径及传动比。用 1∶2 完成下列直齿圆柱齿轮的啮合图(轮齿倒角 C2)，尺寸按照图中给出尺寸换算比例。

8.3　齿轮	班级	姓名	学号

8.3.3　已知锥齿轮 $m=4$mm，齿数 $z=25$，分度圆锥角为45°，试计算锥齿轮的各基本尺寸，并用1∶1完成下列两视图。

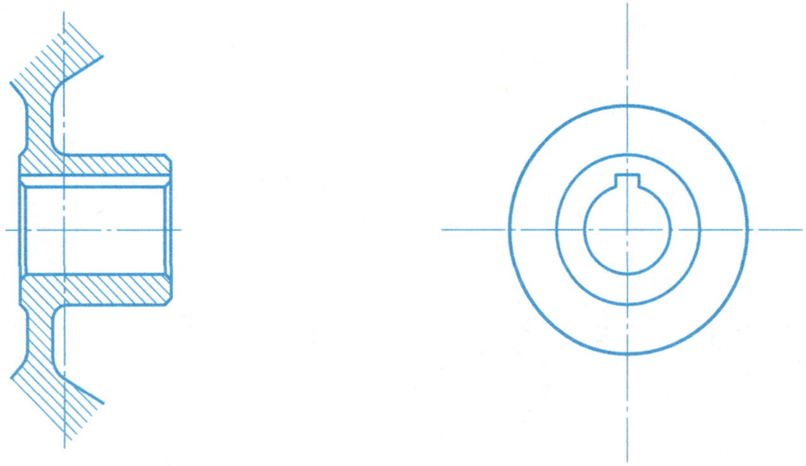

8.4　键、销及其连接

班级　　　　姓名　　　　学号

8.4.1　已知齿轮和轴用 A 型普通平键连接，轴孔直径和键的长度均为 20mm。

(1) 查表确定普通平键和键槽的尺寸。

(2) 写出键的规定标记__________________。

(3) 将下列图形补充完整并标注尺寸。

1. 轴

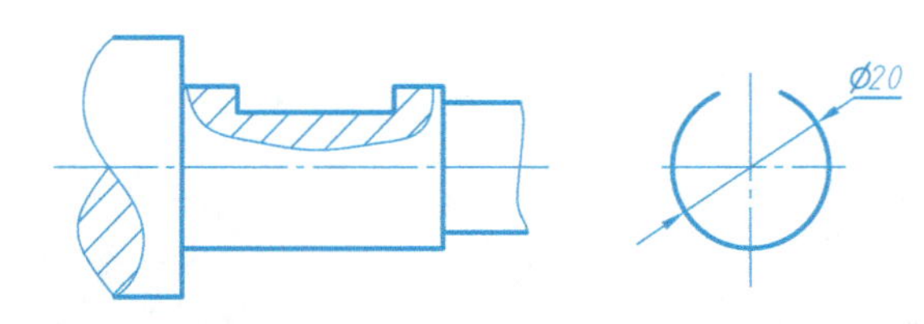

2. 齿轮

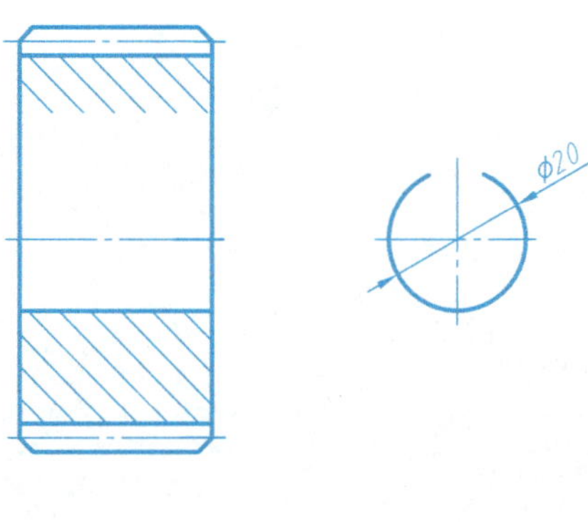

8.4.2　将上题中的轴和齿轮用键连接起来，完成连接后的主视图和左视图，尺寸按照图中给出尺寸换算比例。

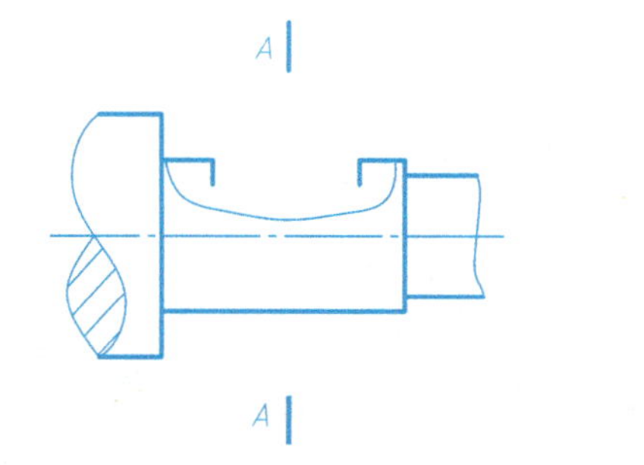

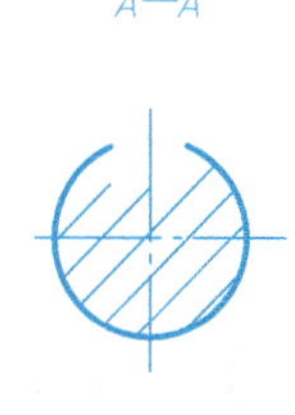

8.4.3　轴和齿轮用直径为 8mm，不经淬火的圆柱销连接，写出圆柱销的规定标记，并画全销连接的剖视图(比例 1∶1)，尺寸按照图中给出尺寸换算比例。

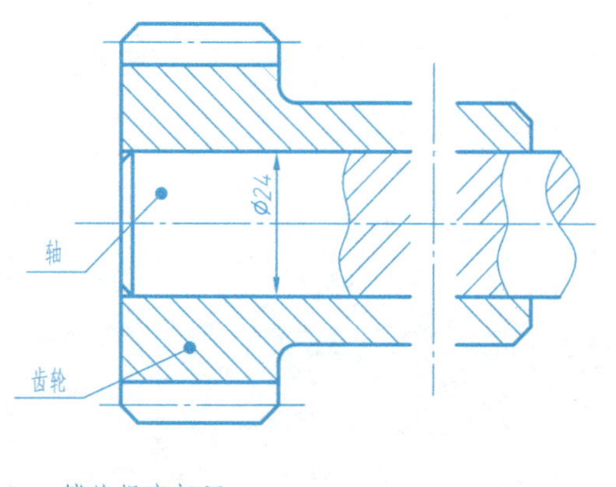

销的规定标记：__________________。

8.5　滚动轴承

班级　　　　　　姓名　　　　　　学号

8.5.1　已知阶梯轴两端支撑轴肩处的直径分别为 25mm 和 15mm，用 1∶1 画出支撑处的滚动轴承，尺寸按照图中给出尺寸换算比例。

1. 按规定画法绘制

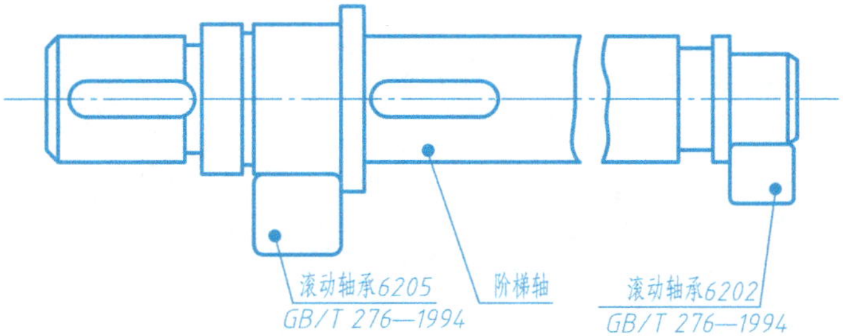

滚动轴承6205 GB/T 276—1994　　阶梯轴　　滚动轴承6202 GB/T 276—1994

2. 按通用画法绘制

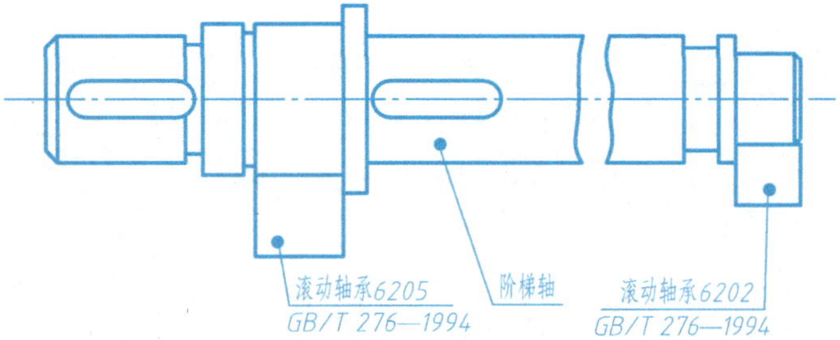

滚动轴承6205 GB/T 276—1994　　阶梯轴　　滚动轴承6202 GB/T 276—1994

8.5.2　说明下列滚动轴承代号的含义，并写出规定标记。

1. 深沟球轴承 6003

规定标记：________________

2. 圆锥滚子轴承 32011

规定标记：________________

3. 锥力球轴承 51100

规定标记：________________

8.6　弹簧

班级　　　　姓名　　　　学号

已知：普通圆柱螺旋压缩弹簧的材料为碳素弹簧钢，簧丝直径 d=5mm，弹簧外径 D=46mm，节距 t=10mm，有效圈数 n=7，支承圈数 n_0=2.5，精度为3级，左旋。

要求：(1)画出其全剖视图；(2)画出其视图(比例 1∶1)。

1.

2.

第 5 次制图作业—综合连接	班级	姓名	学号

一、图名、图幅、比例

1. 图名：综合连接；　2. 图幅：A3；　3. 比例：1∶1。

二、目的、内容、要求

1. 目的：进一步巩固、掌握螺栓连接并熟悉键、销和紧定螺钉连接的画法及查表确定有关尺寸和计算。
2. 内容：按照给出的紧固件代号，画出图中指定的各种连接(除轴径和标准件尺寸按给定的数据外，其余尺寸自定)，将所给的两视图补充完整。
3. 要求：正确地表达螺栓、键、销、螺钉连接；要保证图面质量。

三、注意事项

1. 螺栓连接有关尺寸可以按 d 的比例确定，用比例画法。
2. 键、销、螺钉连接作图时所需有关尺寸可查表确定。
3. 其余所需尺寸可从图中量取。
4. 完成底稿，经仔细校核后再用铅笔加深。

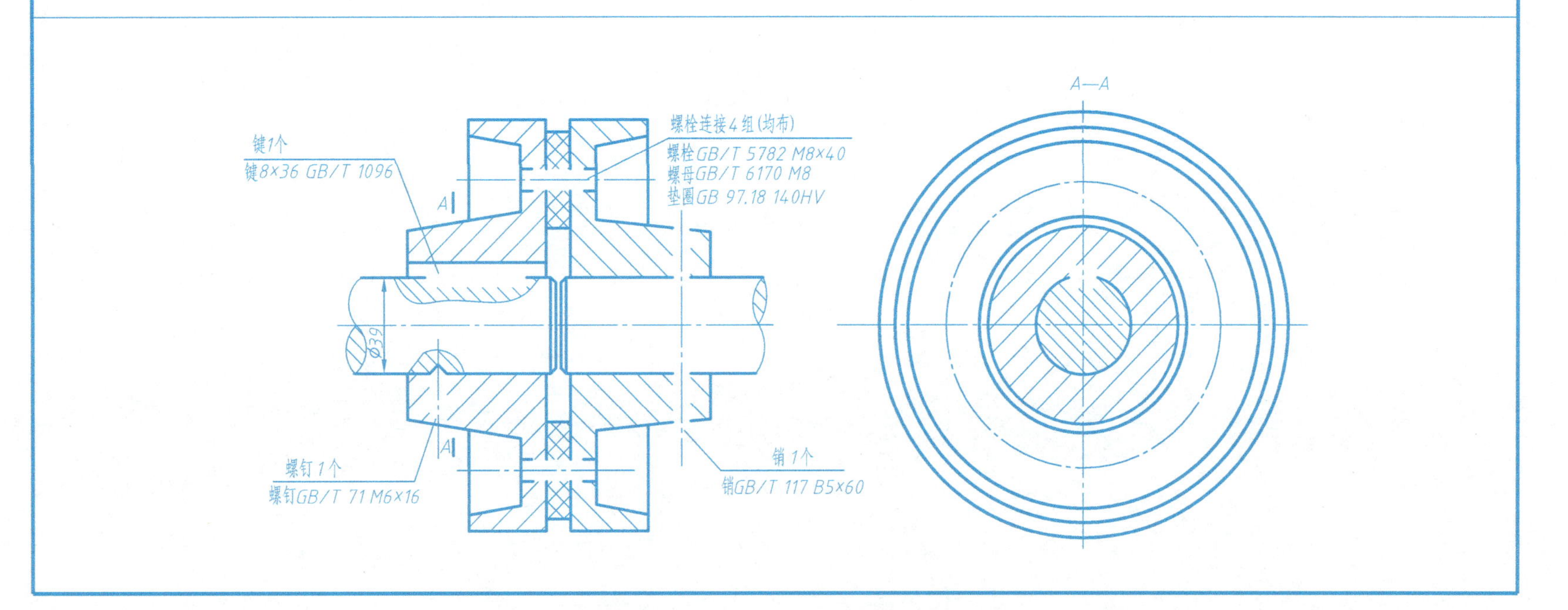

9.1　零件图尺寸标注	班级	姓名	学号

9.1　根据轴的加工顺序标注尺寸(根据已知尺寸和实际从图中量取的尺寸计算比例，标注尺寸要圆整)。

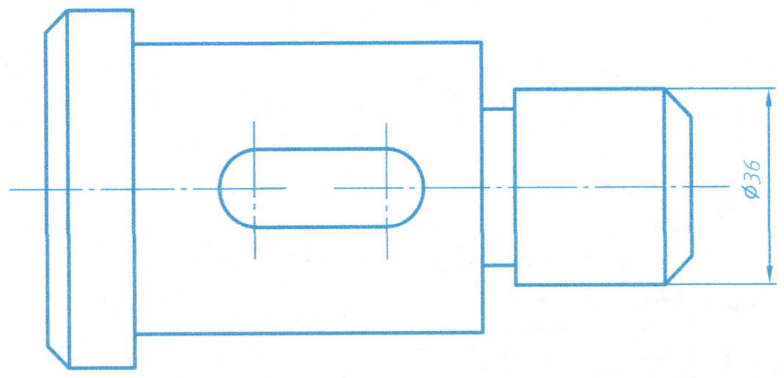

9.2　极限与配合

班级　　　　　　姓名　　　　　　学号

9.2.1　根据装配图的配合尺寸，在零件图中注出基本尺寸和上、下偏差数值，并回答问题。

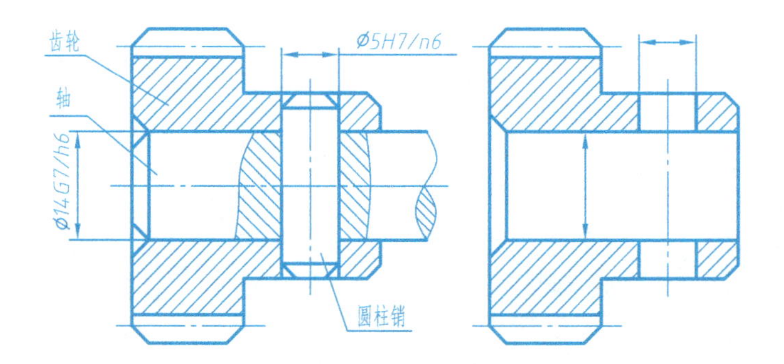

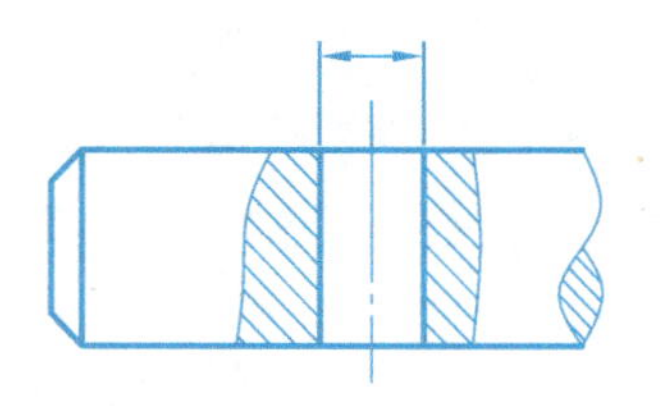

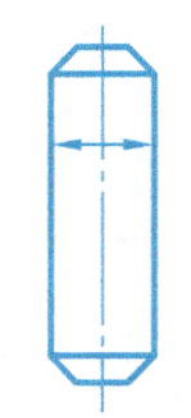

1. 齿轮与轴配合采用基______制、________配合。
2. 圆柱销与销孔的配合采用基______制，销与孔是______配合，其中 $\phi5$ 表示、H 表示__________、6 表示______________。

9.2.2　根据装配图中的尺寸和配合代号写出基准制、公差代号及配合种类，并在零件图中注出相应的尺寸和偏差数值。

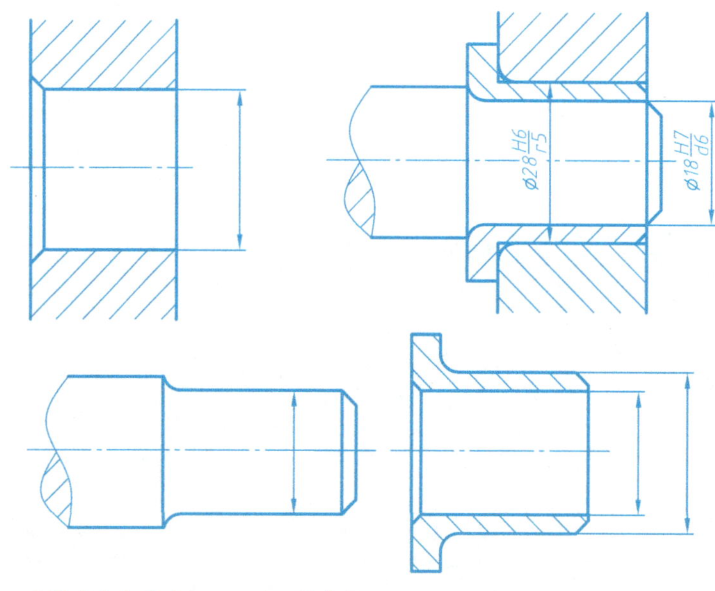

1. 试说明配合尺寸 $\phi28H6/r5$ 的含义。

(1) $\phi28$ 表示____________________，

(2) r 表示____________________，

(3) 此配合是基__制____配合，

(4) 5、6 表示____________________。

2. 计算配合尺寸 $\phi18H7/d6$ 中的最大、最小极限尺寸。

孔：最大极限尺寸为__________，

　　最小极限尺寸为__________，

轴：最大极限尺寸为__________，

　　最小极限尺寸为__________。

9.2 极限与配合

班级　　　　姓名　　　　学号

9.2.3 根据装配图中的配合代号，查表得偏差值，标注在零件图上，并填空。

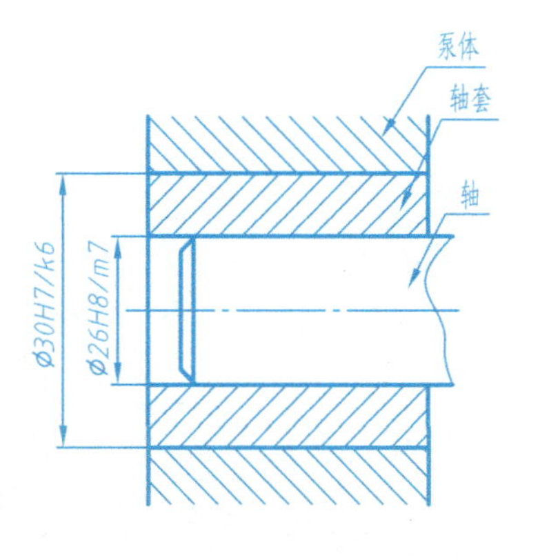

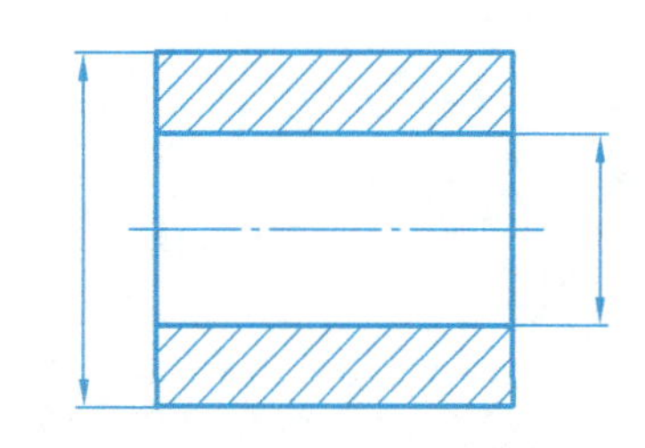

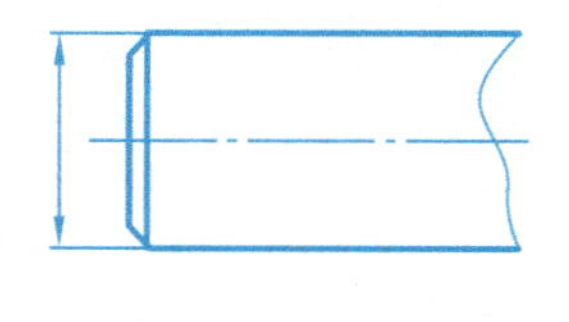

1. 轴套与泵体孔 ϕ30H7/k6 基本尺寸为____，基____制；公差等级：轴/T __级，孔/T ____级，轴套与泵体孔是________配合；轴套：上偏差________，下偏差________；泵体孔：上偏差________，下偏差________。
2. 轴与轴套 ϕ26H8/m7 基本尺寸为____，基____制；公差等级：轴/T __级，孔/T ____级，轴与轴套是________配合；轴：上偏差________，下偏差________；轴套：上偏差________，下偏差________。

9.3 形状和位置公差

班级　　　　　　　　姓名　　　　　　　　学号

9.3.1 将题中用文字所注的形位公差以符号和代号的形式标注在图上。

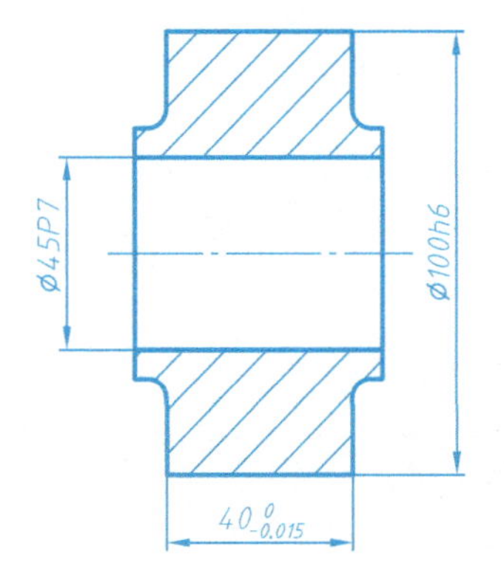

φ100h6 对 φ45P7 轴线的圆跳动公差为 0.015；

φ100h6 的圆柱度公差为 0.004。

9.3.2 对照下图所注形位公差，完成填充题。

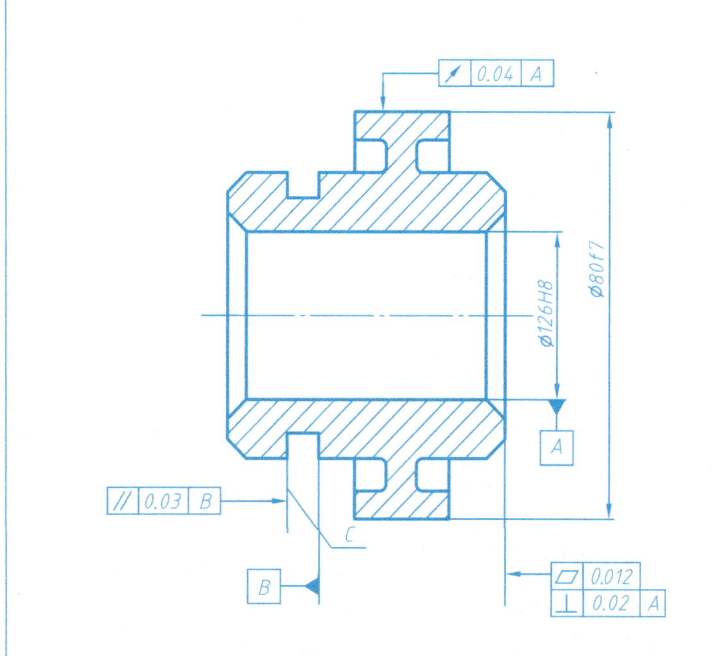

[⏥|0.012] 的含义：被测要素是__________，公差项目是________，公差值为_______。

[⊥|0.02|A] 的含义：基准要素是__________，被测要素是________，公差项目是_______，公差值为_______。

[↗|0.04|A] 的含义：基准要素是__________，被测要素是________，公差项目是_______，公差值为_______。

[//|0.03|B] 的含义：基准要素是__________，被测要素是________，公差项目是_______，公差值为_______。

9.4　读零件图	班级	姓名	学号

9.4.1　读零件图，回答问题，并画出右视外形图。

全部螺纹均有C1.5的倒角
未铸圆角R2
锐边倒角C1

技术要求
铸件不得有沙眼、裂纹

1. B—B 图是采用______剖切方法得到的______剖视图。
2. 写出 3-M5-7H 螺纹深 10 孔深 12 螺孔的定位尺寸是______。
3. 写出右端面上 ϕ10 圆柱孔的定位尺寸是________。
4. 符号 ⊥ 0.06 A 的含义表示被测要素为 ϕ____的__端面，基准要素为 ϕ __ 轴线，公差项目为____，公差值为______。
5. 尺寸 ϕ55g6 中基本尺寸是______，公差等级是________。
6. ϕ90 外圆的表面粗糙度符号是________。
7. 端盖最左两端面的表面粗造度值为________。
8. 解释符号 ∀ 的意义是____________________。
9. 解释符号 Ra 1.6 的意义是____________________。
10. 该零件的技术要求包含哪几方面内容：________________________。
11. 端盖上共有______个螺孔，其尺寸分别为____、____。
12. 主视图右上方 ϕ10 孔内的交线属______线，是两个________圆孔相交所得。
13. Rc1/4 是______螺纹，大径尺寸为______。
14. 在图上指定位置画出右视外形图(只画可见轮廓线，虚线不画)。

端盖		比例		图号	13-103
		材料	HT150	数量	1
制图	(签名)	(年月日)		班号	学号
审核					

9.4　读零件图

班级　　　　姓名　　　　学号

9.4.2　看懂十字接头零件图，并回答问题。

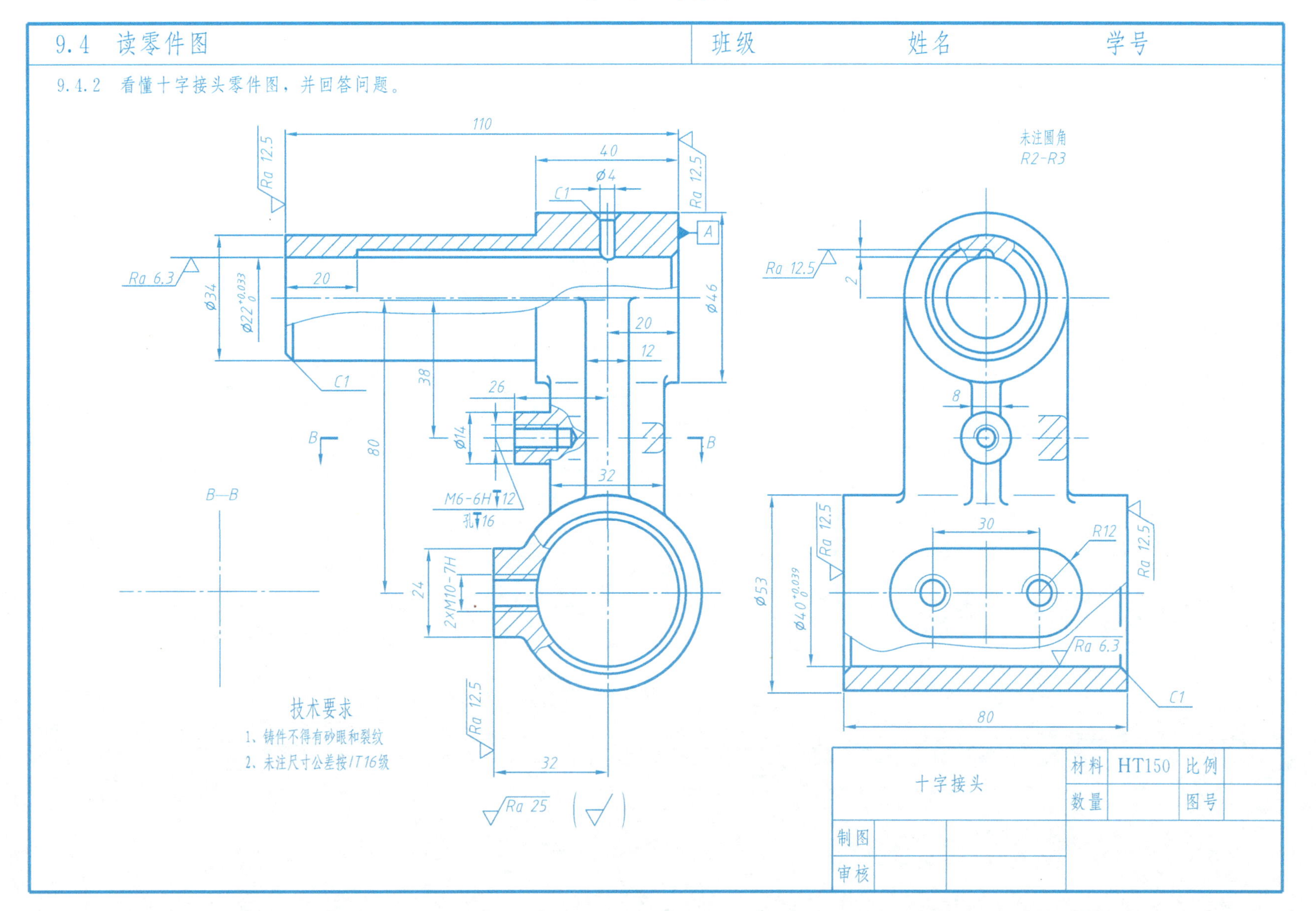

十字接头		材料	HT150	比例	
		数量		图号	
制图					
审核					

9.4　读零件图	班级　　　　姓名　　　　学号

9.4.2　看十字接头零件图，回答下列问题。

1. 根据零件名称和结构形状，此零件属于________类零件，加工材料为________。
2. 十字接头的结构由________部分________部分和____________部分组成。
3. 用指引线和文字在图上注明长、宽、高3个方向的主要基准。
4. 在主视图中，下列尺寸分别属于哪种类型(定形、定位)尺寸？

   80是_____尺寸；

   38是_____尺寸；

   40是_____尺寸；

   24是_____尺寸；

   $\phi22_{0}^{+0.033}$是_____尺寸。
5. $\phi40_{0}^{+0.039}$的最大极限尺寸为________，最小极限尺寸为________，公差为________，查表改写成公差带代号后，应为$\phi40$_____，表示基___制的______孔。
6. 零件上共有___个螺孔，它们的尺寸为________________________。
7. 该零件____________表面最光滑。
8. 2×M10-7H中，2表示_____，M表示__牙普通螺纹，10表示___，中顶径公差带代号为_____，旋向为___，___旋合长度。
9. 在图上指定位置作B—B断面图。

9.4　读零件图

班级　　　　　　姓名　　　　　　学号

9.4.3　看顶杆零件图，回答问题。

1. 图上断面图没有任何标注，因为它的位置是在________________，而且图形是____________________。
2. 该零件的___端面是轴向尺寸主要基准，______是径向尺寸主要基准。
3. 在主视图中，下列尺寸分别属于哪种类型(定形、定位)尺寸?
   47 是____尺寸;
   14 是____尺寸;
   55 是____尺寸;
   SR24 是____尺寸;
   ϕ10H8 是____尺寸。
4. 该零件上 ϕ19f7 圆柱面的长度为________，表面粗糙度代号为________。
5. 退刀槽 2×ϕ11 的含义：2 表示槽的____，ϕ11 表示槽处的____。
6. 将 ϕ19f7 查表改写为偏差后，应为 ϕ19 __________。

看懂顶杆零件图，并回答左页提出的问题。

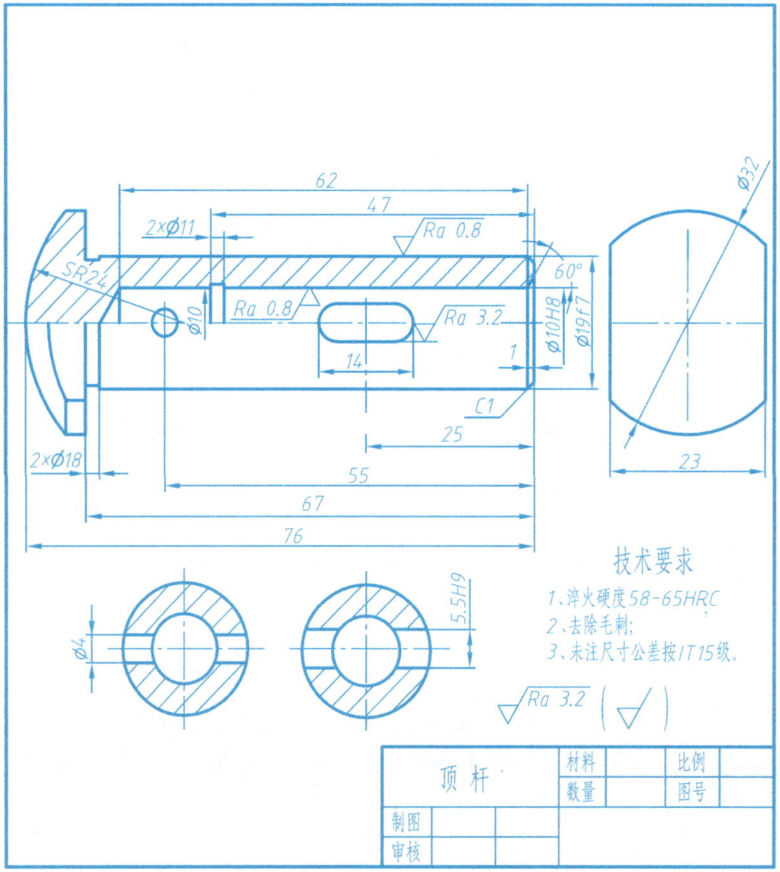
62
47
2×Ø11
Ra 0.8
SR24
60°
Ø10
Ra 0.8
Ra 3.2
Ø10H8
Ø19f7
Ø32
1
14
C1
25
2×Ø18
55
67
76
23
5.5H9
Ø4
技术要求
1.淬火硬度58-65HRC
2.去除毛刺;
3.未注尺寸公差按IT15级。
Ra 3.2
顶 杆
材料
比例
数量
图号
制图
审核

9.4 画零件图

班级 姓名 学号

9.4.4 看懂零件结构，回答下面问题，在A3图纸上画出阀体零件图，并补画出E-E剖视图。

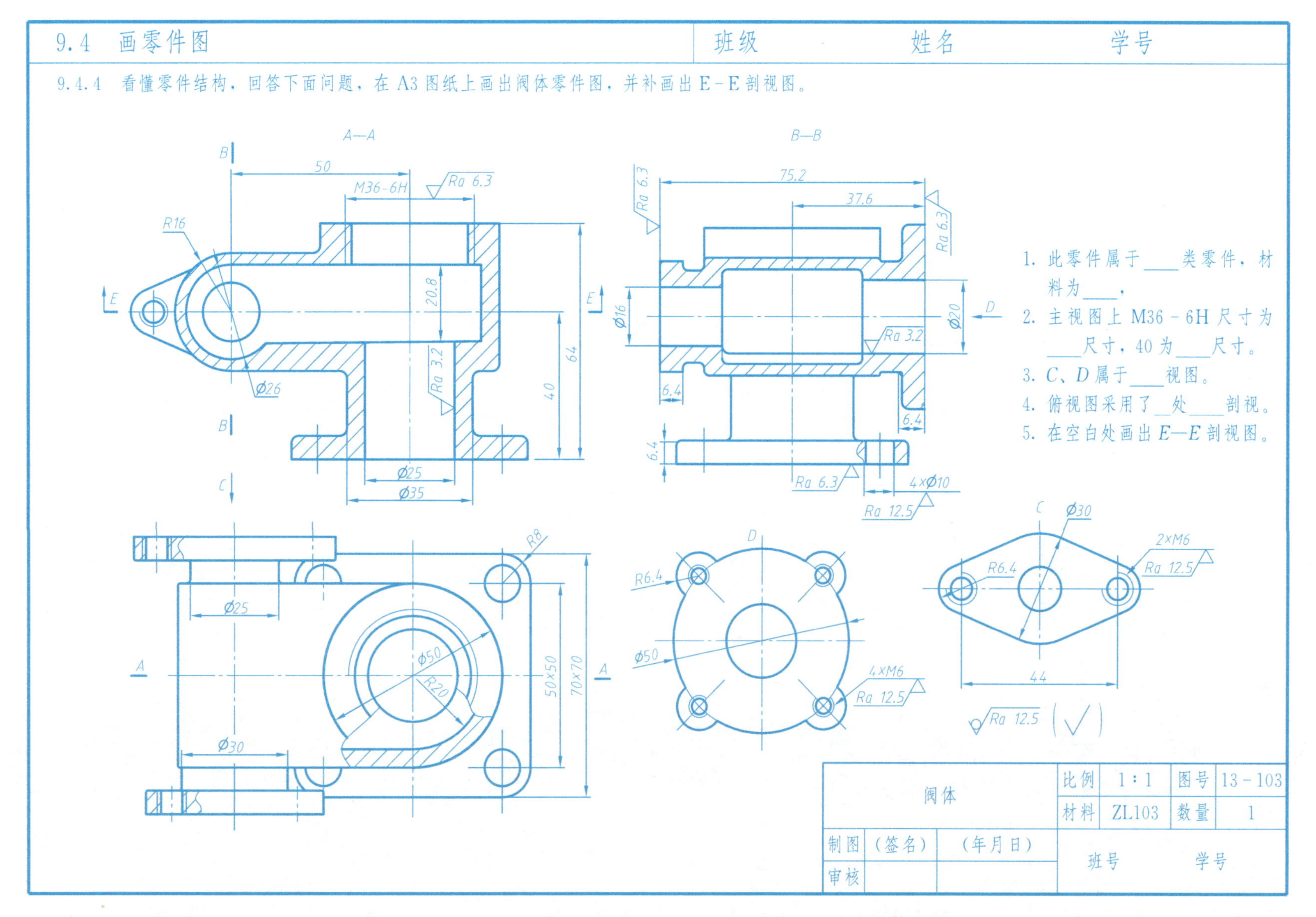

1. 此零件属于____类零件，材料为____。
2. 主视图上M36-6H尺寸为____尺寸，40为____尺寸。
3. C、D属于____视图。
4. 俯视图采用了__处____剖视。
5. 在空白处画出E—E剖视图。

10.1　画装配图

班级　　　　姓名　　　　学号

10－1 由零件图画平虎钳装配图

参考平虎钳示意图和说明，看懂给出的零件图，画出平虎钳的装配图。

平虎钳示意图和说明

平虎钳是铣床、钻床、刨床的通用夹具。转动螺杆使方块螺母沿螺杆轴向移动时，方块螺母带动活动钳口在钳座面上滑动，则可夹紧或松开工件。

螺杆装在钳座的左右轴孔中，螺杆右端有调整垫；左端有垫圈、螺母、开口销，限定螺杆在钳座中的轴向位置。螺杆与方块螺母用梯形螺纹旋合，活动钳口装在方块螺母上方的定心圆柱中，并有螺钉固定。夹紧工作时，活动钳口能以定心圆柱为回转中心，在水平方向自动调位，钳座与活动钳口上装有钳口铁，并用螺钉紧固。

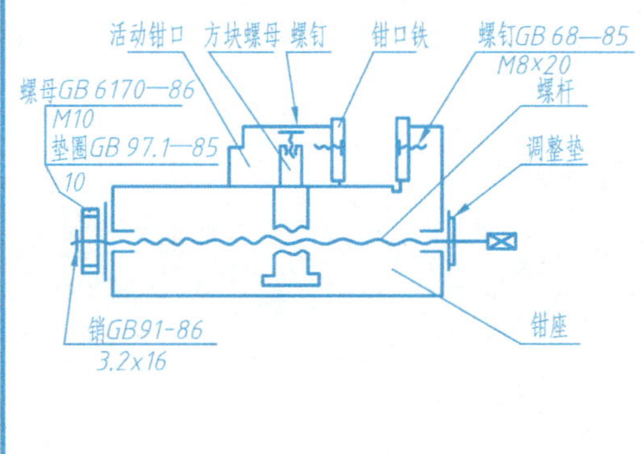

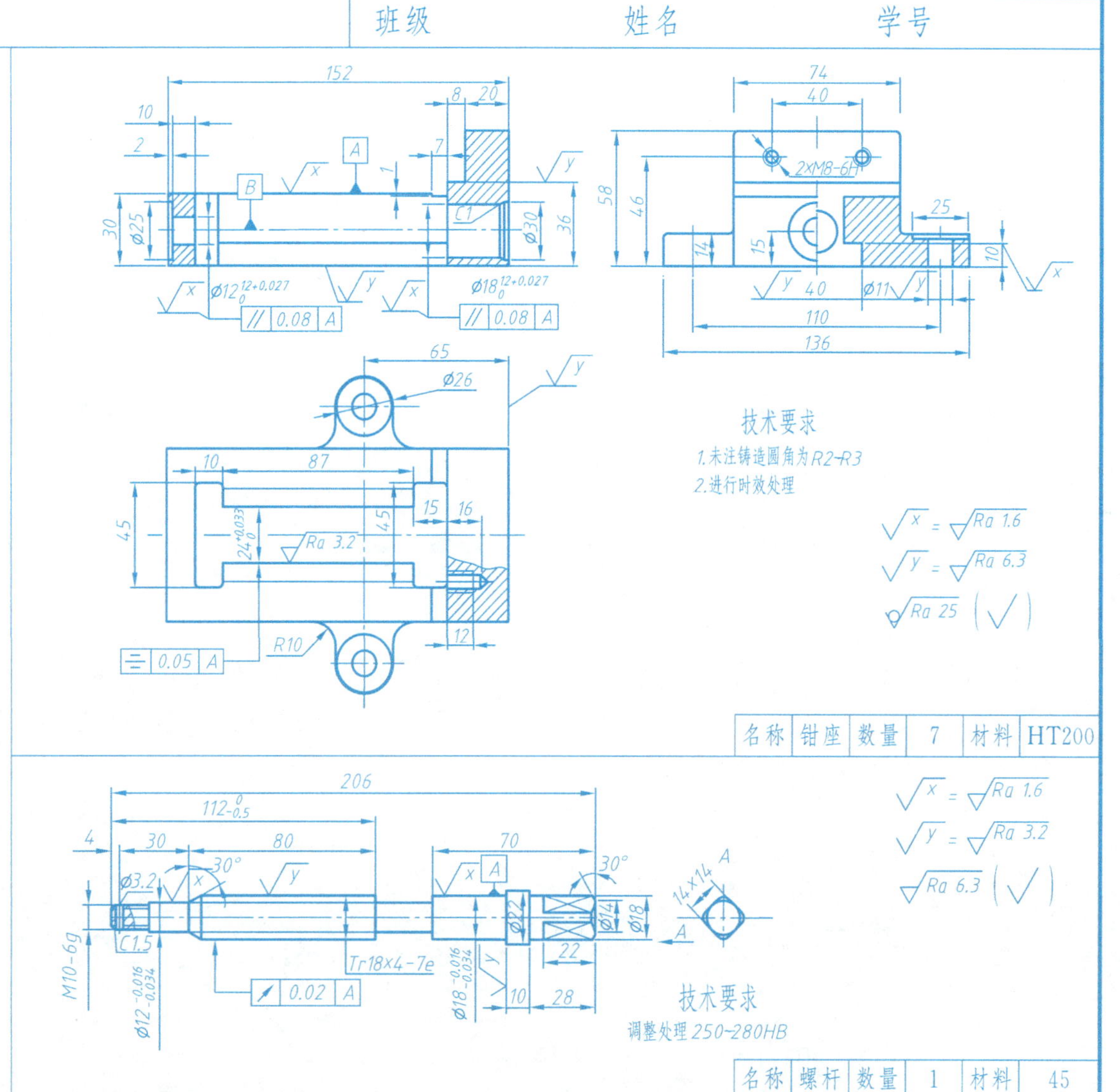

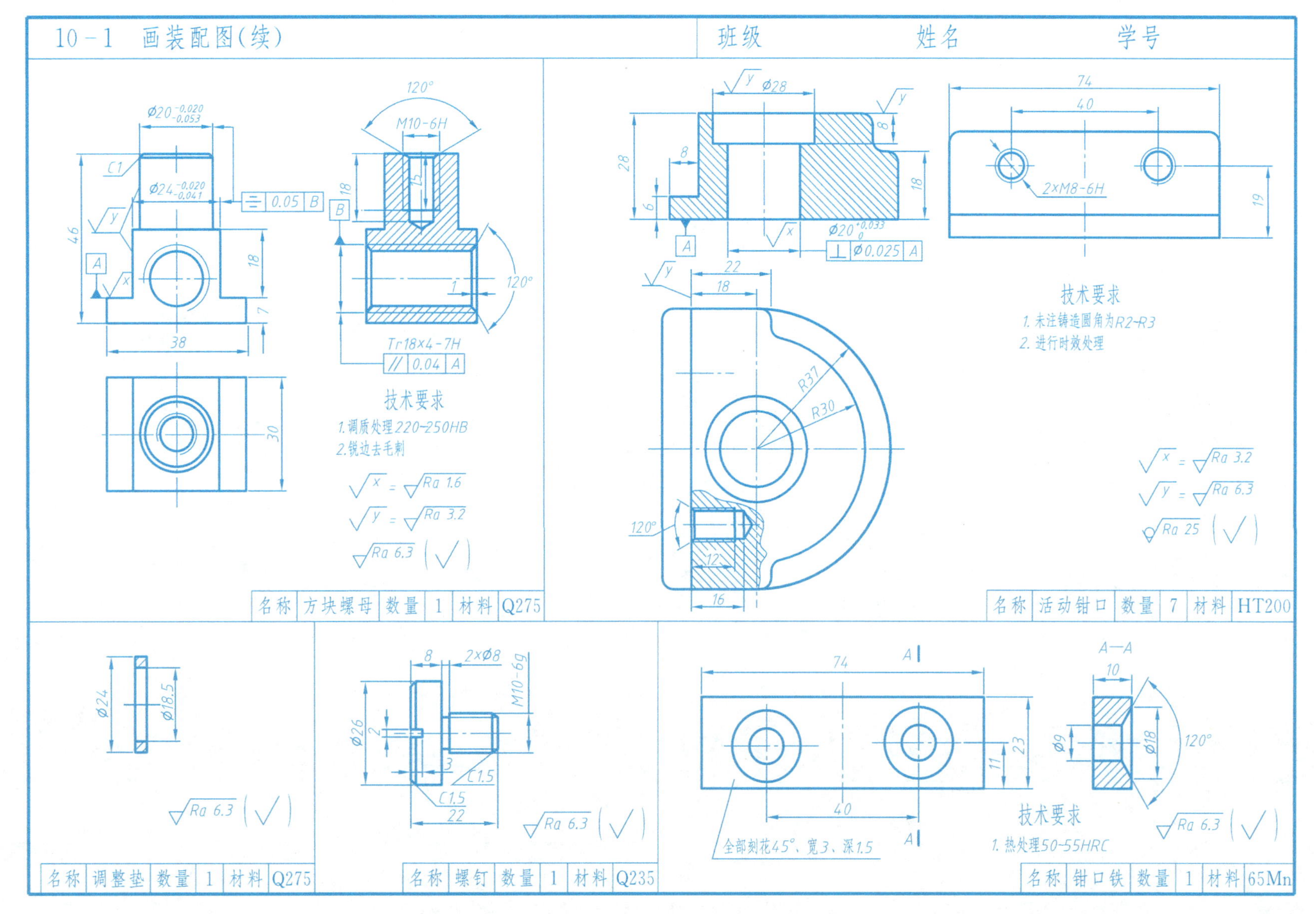
10－1　画装配图(续)
班级
姓名
学号
技术要求
1.调质处理220~250HB
2.锐边去毛刺
名称 方块螺母 数量 1 材料 Q275
技术要求
1.未注铸造圆角为R2~R3
2.进行时效处理
名称 活动钳口 数量 1 材料 HT200
名称 调整垫 数量 1 材料 Q275
名称 螺钉 数量 1 材料 Q235
全部刻花45°、宽3、深1.5
技术要求
1.热处理50~55HRC
名称 钳口铁 数量 1 材料 65Mn
M10-6H
Tr18×4-7H
2×M8-6H
M10-6g
A—A

10-2 读装配图 班级 姓名 学号

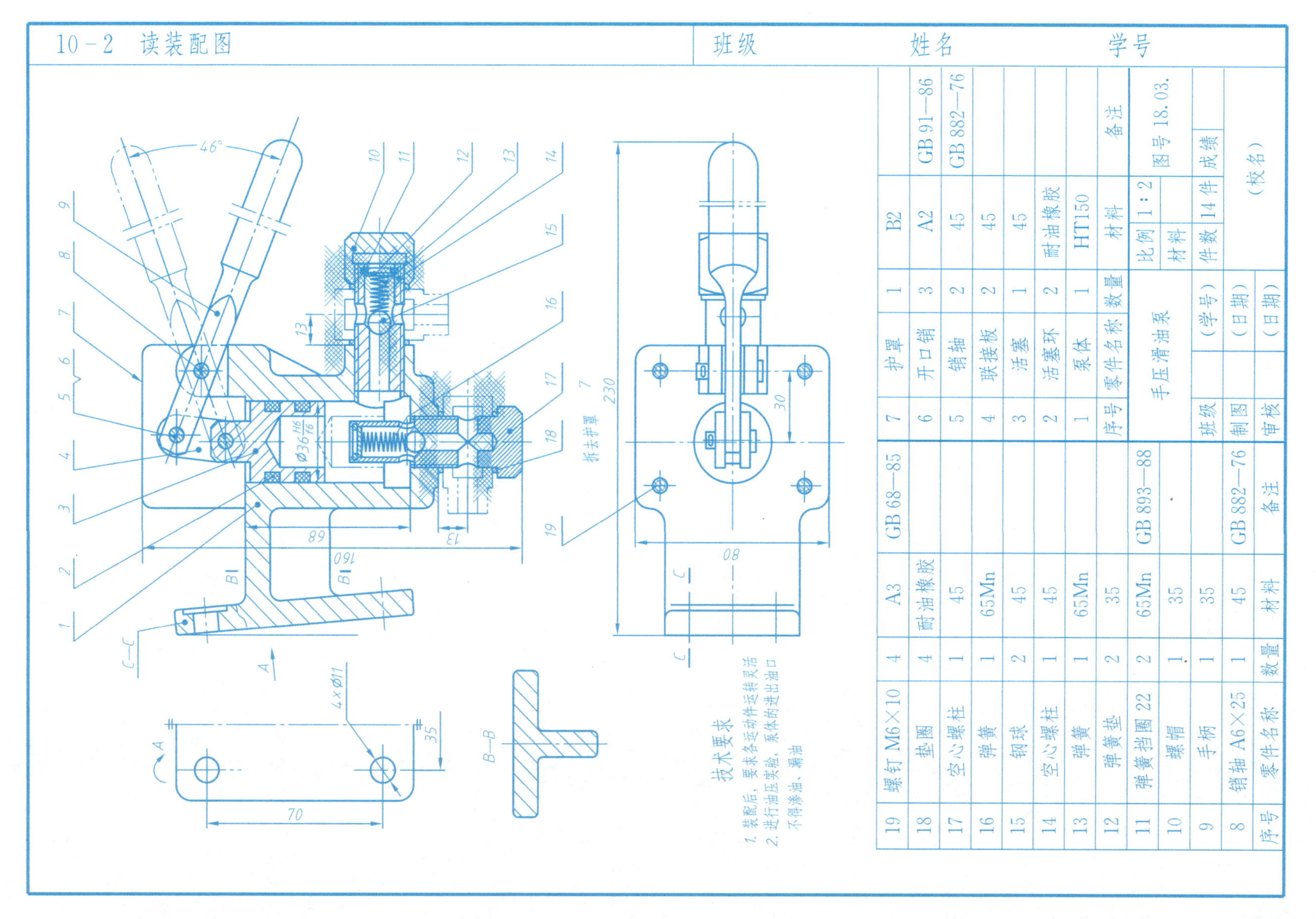

10-2　读装配图	班级	姓名	学号

读懂手压滑油泵装配图并回答问题。

1. 手压滑油泵阀由____种共____个零件组成，基中标准件有____种____件。
2. 该装配体用了____个图形来表达，其中主视图采用了________________，*B*-*B* 是____画法，*A* 向为__________，在仰图上采用了__________画法，并作了一个______。
3. 件 1 泵体与件 3 活塞采用的是____制的________配合。
4. 件 9 手柄和件 1 泵体由____联接，件 9 手柄和件 3 活塞之间由____定位____联接，件 10 螺帽和件 14 空心螺柱由________联接。
5. 该装配图的技术要求是____________________。
6. 装配图中，尺寸 $\phi36\frac{H7}{f6}$ 是________尺寸，230、160、80 是________尺寸，*A* 向视图中 70 是________尺寸，侧视图中 30 是________尺寸。
7. 装配图中，尺寸 $\phi36\frac{H7}{f6}$ 中的 $\phi36$ 是________尺寸，H7 是________，f6 是____，它们属于____制的____配合。
8. *A* 向是________________图，表示____________________。四个圆孔的作用是________________________。
9. 侧视图采用了什么画法？

10. 简述该装配图的工作原理。

____

____

____

11. 简述该装配图的拆卸顺序。

12. 在下方空白处拆画件号 1 的零件图。

10.3　由装配图拆画零件图

班级　　　　姓名　　　　学号

读减压阀装配图，并拆画零件图(由教师指定零件)。

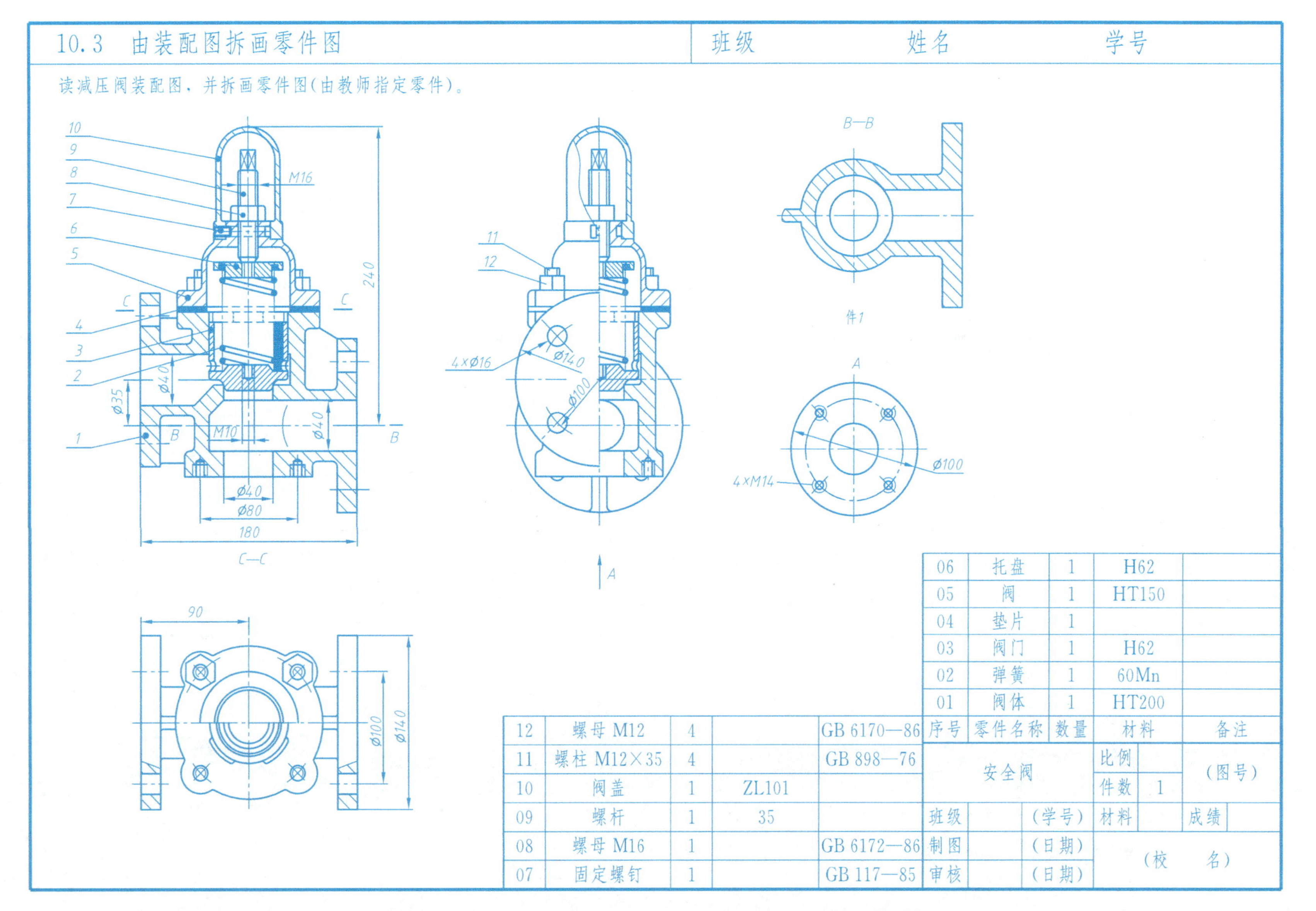

序号	零件名称	数量	材料	备注
12	螺母 M12	4		GB 6170—86
11	螺柱 M12×35	4		GB 898—76
10	阀盖	1	ZL101	
09	螺杆	1	35	
08	螺母 M16	1		GB 6172—86
07	固定螺钉	1		GB 117—85
06	托盘	1	H62	
05	阀	1	HT150	
04	垫片	1		
03	阀门	1	H62	
02	弹簧	1	60Mn	
01	阀体	1	HT200	

安全阀		比例		(图号)
		件数	1	
班级	(学号)	材料		成绩
制图	(日期)	(校　名)		
审核	(日期)			

10.4　由装配图拆画零件图

班级　　　　姓名　　　　学号

读气缸装配图并拆画零件图(由教师指定零件)。

序号	零件名称	数量	材料	备注
26	橡皮盘	3	硬橡皮	
25	圆锥销	1	GB 117—86—A5×50	
24	接头	1	A3	
23	垫圈	2	GB 97.1—85—6—A140	
22	螺母	2	GB 6174—86—M6	
21	螺栓	2	GB 5783—86—M6×16	
20	压紧螺母	1	A3	
19	油塞	3	35	
18	垫片	2	石棉橡皮	
17	活塞	1	HT200	
16	平键 6×18	1	45	GB 1096—79
15	防松垫圈	1	铜皮（0.8）	
14	调整螺母	1	GB 812—76—M22×1.5	
13	法兰盘	1	HT200	
12	压紧衬套	1	A3	
11	活塞杆	1	45	
10	螺母	12	GB 6170—86—M8	
9	双头螺柱	12	A3	GB 898—76—M8×24
8	填料	4	石棉板	
7	压紧螺母	1	A3	
6	螺母	2	GB 6172—86—M16	
5	垫圈	2	GB 97.1—85—16—A140	
4	管接头	2	A3	
3	垫片	2	硬橡皮	
2	缸盖	2	HT200	
1	缸体	1	HT200	

液压气缸		比例		(图号)
		件数	1	
班级	(学号)	材料		成绩
制图	(日期)	<校名>		
审核	(日期)			

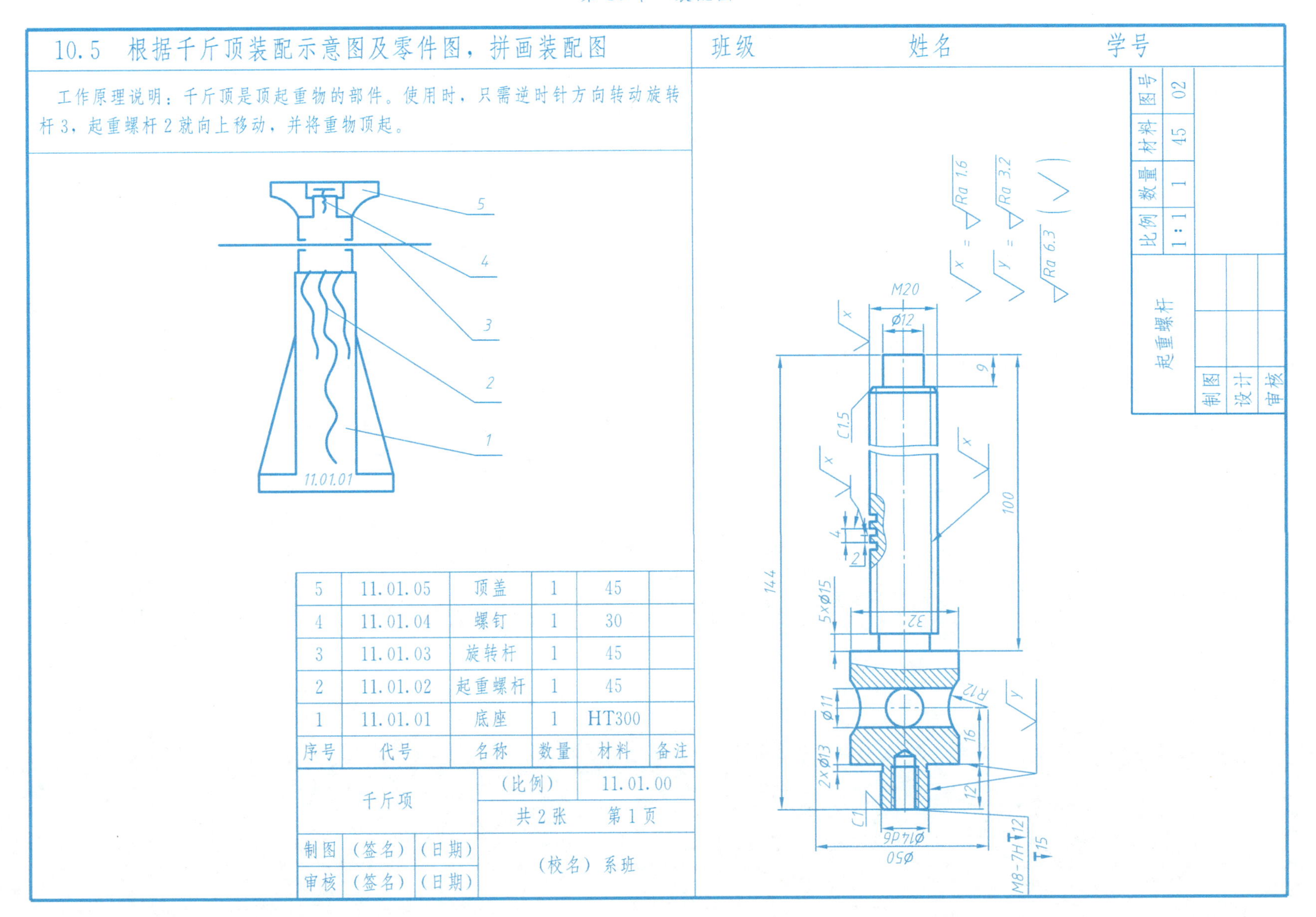

5	11.01.05	顶盖	1	45	
4	11.01.04	螺钉	1	30	
3	11.01.03	旋转杆	1	45	
2	11.01.02	起重螺杆	1	45	
1	11.01.01	底座	1	HT300	
序号	代号	名称	数量	材料	备注

千斤顶		(比例)	11.01.00
		共 2 张	第 1 页
制图	(签名)	(日期)	(校名) 系班
审核	(签名)	(日期)	

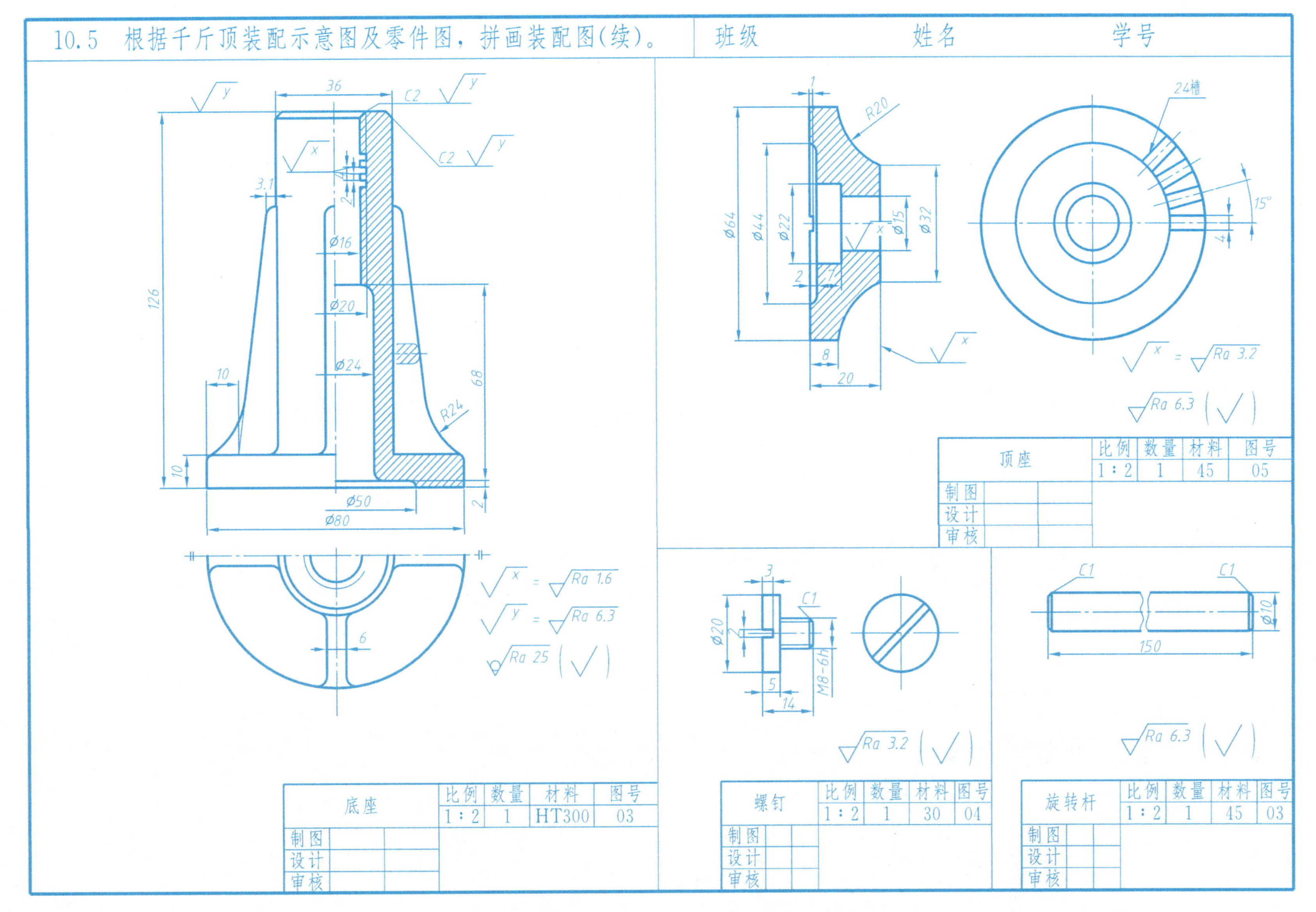
10.5　根据千斤顶装配示意图及零件图，拼画装配图(续)。
班级
姓名
学号
36
C2
C2
3.1
2
Ø16
Ø20
Ø24
126
68
R24
10
10
2
Ø50
Ø80
6
Ra 1.6
Ra 6.3
Ra 25
底座
比例
数量
材料
图号
1∶2
1
HT300
03
制图
设计
审核
1
R20
24槽
Ø64
Ø44
Ø22
Ø15
Ø32
2
7
8
20
15°
4
Ra 3.2
Ra 6.3
顶座
比例
数量
材料
图号
1∶2
1
45
05
制图
设计
审核
3
C1
Ø20
M8-6h
5
14
Ra 3.2
螺钉
比例
数量
材料
图号
1∶2
1
30
04
制图
设计
审核
C1
C1
Ø10
150
Ra 6.3
旋转杆
比例
数量
材料
图号
1∶2
1
45
03
制图
设计
审核